大是文化

# 增肌不發胖 的
# 微波料理

微波爐料理權威親自傳授，
無須大炒油煙、不用擔心火候控制，
10分鐘內就上桌。

日本
皮爐料理
權威

40年以上營養師資歷
著書超過 500 冊，暢銷超過 975 萬本

**村上祥子**——著 林巍翰——譯

# 目錄

## PART 1 蛋白質、鈣質，吃好吃足！

### 村上方程式 ①

### 增肌餐＝鯖魚、沙丁魚罐頭＋
### 大蒜洋蔥醬、醋泡高麗菜絲、醋泡洋蔥 …… 028

## PART 2 腸道舒暢 & 強化免疫力的副食

### 村上方程式 ③
### 打造元氣腸道的副食＝膳食纖維＋大蒜洋蔥醬、
### 醋泡高麗菜絲、醋泡洋蔥 …… 154

燙菠菜／醋泡洋蔥拌小松菜／苦瓜拌白芝麻／綠花椰香鬆沙拉／
煸炒綠花椰拌高麗菜絲／辣味綠花椰菜／馬鈴薯沙拉／甘煮南瓜／
番薯優格沙拉／山藥沙拉／山藥當座煮／洋蔥湯／洋蔥開胃菜／
燒烤風茄子／肉燥煮茄子／青椒炒吻仔魚／秋葵拌白蘿蔔泥／
燙拌海帶芽／羊棲菜當座煮／羊棲菜沙拉

# PART 3 懶得做菜時的 SOS 庫存 —— 自製冷凍蔬菜包

# 純增肌、保年輕的養成方案

人氣女醫、《增肌減脂 4+2R 代謝飲食法》作者／王姿允

　　臺灣目前的肌少症盛行率，堪稱亞洲第一，超越日韓，每十位高齡者就有一位符合肌少症診斷，也就是說，有肌少症診斷併失能風險的人口，將在幾年內增加逾 50 萬人！

　　而肌少症跟骨質疏鬆症以及脂肪的過度堆積常常一起發生，稱作「骨肌少肥胖症」（Osteosarcopenic obesity），跟健康老化的人不同的是，骨肌少肥胖症者都有「飲食中蛋白質營養不良」、「維生素 D 缺乏」、「較高的發炎指數」、「貧瘠的腸道菌相」等問題。

　　令人擔憂的是，臺灣的肌少症有年輕化趨勢。我在門診時發現，藉由測量肌肉質量指數（SMI），可以看出越來越多年輕人疑似出現肌少症，推測跟高糖、高油、高鈉、低蛋白質低纖維飲食、暴飲暴食文化、食物精緻化造成營養不足等原因有關。

　　在速食當道的現代，很多人因忙碌而鮮少自己開伙，但是速成的

外食總是避不了高糖、高油跟過度加工，因此如何用最簡單不用烹調的方式（例如微波爐加熱即可食用）來自製健康餐食，變成非常重要的課題。

身為一個同時擁有家庭醫學、老年醫學跟骨鬆醫學專科的醫師，我一直致力於找出能夠減緩或預防，甚至是改善肌少症的飲食方案，希望能夠同時解決蛋白質營養不良、降低發炎及修復腸道菌相的失衡。而當初我研發的「4+2R 代謝飲食法」，其實參考了很多古今中外的研究，發現日本人有攝取富含豆類蛋白質跟高纖維澱粉的傳統飲食習慣，就是他們之所以為長壽大國的原因——同時改善肌肉跟腸道菌相。另外我也倡導簡單的涼拌料理，希望可以提高忙碌的現代人健康飲食的遵醫囑性。

因此，當《增肌不增肥的微波料理》這本書的初稿交到我手裡的時候，我覺得有種他鄉（日本）遇故知的感覺。

這本食譜的作者是高齡 80 歲的微波爐料理權威村上祥子，本身雙腳不良於行的她屬於肌少症跟骨鬆的高風險群，為了能夠讓自己的肌肉跟骨質得以保持健康，鑽研出簡單不用開火的高蛋白高纖維食譜，裡面的菜單有些很類似我所倡導的「R4 階段飲食」，使用糙米飯這類高纖維全穀類為主食，加上大量豆類植物性蛋白質、雞蛋跟低脂肉類、富含抗氧化的蔬菜跟水溶性纖維食物，都是來找我「純增肌」的人會推薦的食材。

　　另外，也非常推薦書裡面的自製增肌調味料，跟我多年提倡「無添加」的理念相符。例如材料只有洋蔥大蒜跟水的「大蒜洋蔥醬」還有純香菇製成的「香菇醬」，少了人工添加物還有廉價油的負擔，多了天然的鈣質和維生素，非常適合調味入菜。

　　將這本書推薦給所有人，這不只適合高齡者作為養生跟預防疾病的飲食，也是適合所有希望能夠預防肌少症、擁有健康體態和腸道菌的忙碌現代人，可以靈活運用的食譜。

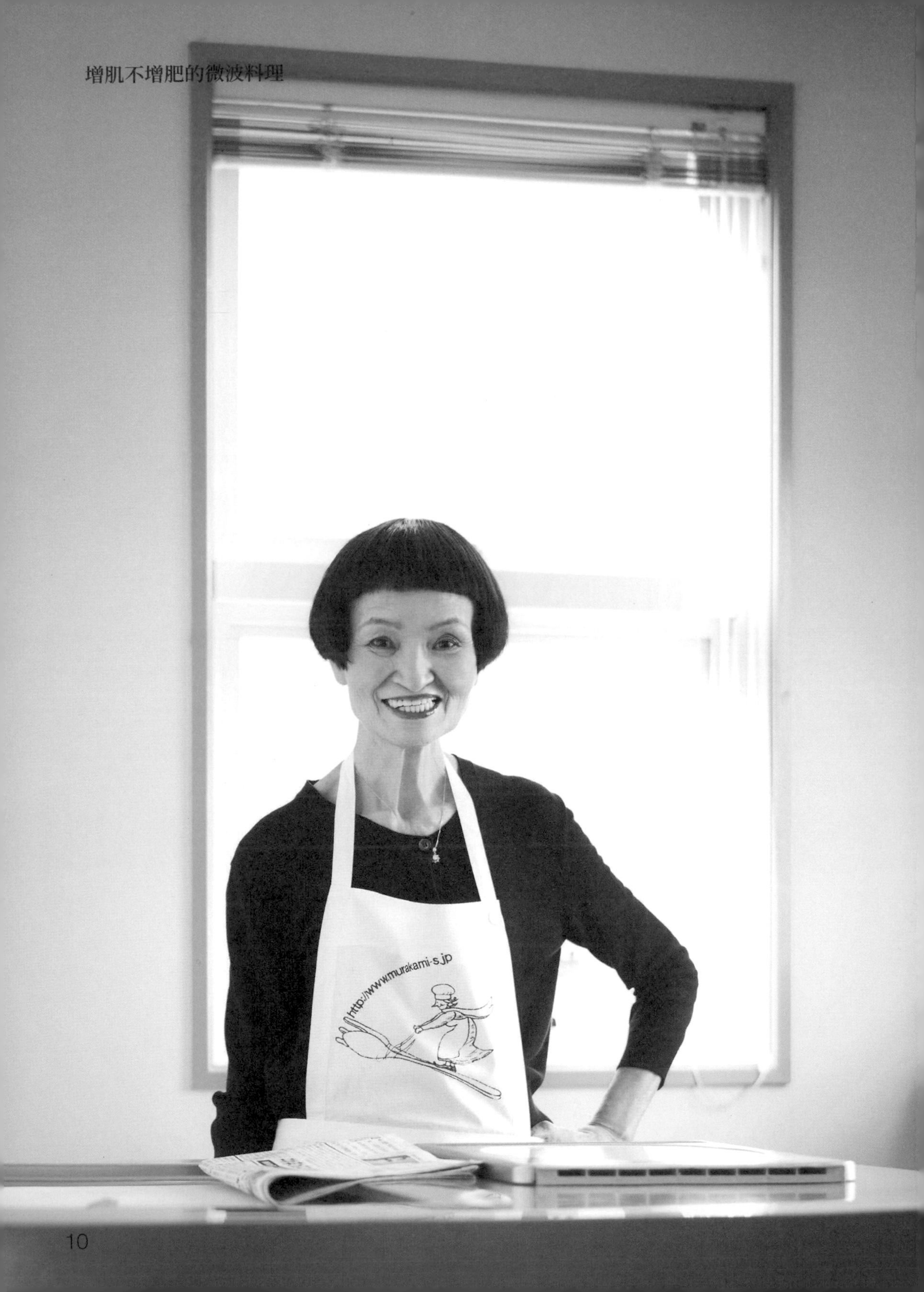
http://www.murakami-s.jp

# 用微波爐做菜的
# 七大優點

### ① 做菜超簡單

用微波爐烹煮食物，無須注意火候和技巧。只要根據食材的重量，設定對應的加熱時間就可以了，接著就只等美味上桌囉。

### ② 適合製作一人份的料理

就算食材的分量較少，還是能用微波爐加熱，且不減食物的風味。說微波爐最適合用來做一人份的料理也不為過。

### ③ 節省時間

利用微波加熱食物，比瓦斯和 IH 電磁爐還要有效率。只要在想吃東西的時候加熱，馬上就可以享用到熱騰騰的剛出爐美食。

### ④ 營養完整保留

微波會把食材裡的水分轉化為水蒸氣，以此來加熱食物，不會損害食材的營養、味道和香氣。

### ⑤ 不用火，好放心

使用微波爐無須動到火，只要設定好時間，等加熱結束後機器就會停止運轉，相當的安全。不像使用瓦斯來加熱食物，事後還會擔心自己是否有關火。

### ⑥ 要洗的餐具很少

製作本書所提到的料理，在大部分的情況下，會用到的器具只有耐熱微波碗和耐熱量杯而已，需要清洗的餐具很少。

### ⑦ 食材切得不整齊也沒關係

因為是食物的重量決定了加熱的時間，所以就算食材的大小切得不均等，還是能均衡受熱。

# 本書的參考數值

## 【本書提到的計量】

- 計量單位：一大匙＝ 15ml，一小匙＝ 5ml。
- 調味料標示「少許」指的是，約為拇指和食指能抓取的量。
- 洋蔥和紅蘿蔔這類蔬菜，先去皮。番茄和青椒這類食材，先去蒂。菇類柄頭帶泥土的部分，一般來說在做菜前也會先去掉。這部分不會在內文另做說明。
- 書中標示的營養成分為一人份。

## 【關於微波爐的使用】

- 微波爐加熱，基本上以 600W 為基準。關於不同瓦數的加熱時間，800W 時為基準的 0.7 倍、700W 時為基準的 0.8 倍、500W 時為基準的 1.2 倍，請參考下方的「不同瓦數的微波爐加熱時間表」自行調整。另外，根據品牌不同，微波爐的加熱程度也會有差異。
- 使用微波爐加熱時，因為有時候會出現突發的沸騰現象（突沸現象），因此使用時要小心，別燙傷了。

## 【不同瓦數的微波爐加熱時間表】

| 500W | 600W（本書的基準） | 700W | 800W |
|---|---|---|---|
| 40 秒 | 30 秒 | 30 秒 | 20 秒 |
| 1 分 10 秒 | 1 分 | 50 秒 | 50 秒 |
| 1 分 50 秒 | 1 分 30 秒 | 1 分 20 秒 | 1 分 10 秒 |
| 2 分 20 秒 | 2 分 | 1 分 40 秒 | 1 分 30 秒 |
| 3 分 | 2 分 30 秒 | 2 分 10 秒 | 1 分 50 秒 |
| 3 分 40 秒 | 3 分 | 2 分 30 秒 | 2 分 20 秒 |
| 4 分 50 秒 | 4 分 | 3 分 30 秒 | 3 分 |
| 6 分 | 5 分 | 4 分 20 秒 | 3 分 50 秒 |
| 7 分 10 秒 | 6 分 | 5 分 10 秒 | 4 分 30 秒 |
| 8 分 20 秒 | 7 分 | 6 分 | 5 分 20 秒 |
| 9 分 40 秒 | 8 分 | 6 分 50 秒 | 6 分 |
| 10 分 50 秒 | 9 分 | 7 分 40 秒 | |
| 12 分 | 10 分 | 8 分 30 秒 | |

\* 加熱時間為大概的參考值。

## 使用器具

耐熱量杯

耐熱碗

　　本書中所介紹的料理，除了用到雞蛋的料理，都只需要一個直徑約為 22cm 的耐熱碗就可以完成了，因此無須準備不同大小的容器。有些雞蛋料理較適合使用小容器來製作，這時就輪到容量為 500ml 的耐熱量杯登場了。

　　因為耐熱碗或量杯都不太會吸附味道，油漬清理起來也很輕鬆，而且還都是由耐高溫的玻璃所製成，所以推薦大家使用。

# 要完成本書介紹的簡單微波料理
# 只需要簡單三步驟

## Step 1

### 把食材和調味料放進耐熱碗中

把切好的食材和調味料一起放入碗中後，就完成準備了。

## Step 2
### 用微波爐加熱

輕輕蓋上保鮮膜後，用微波爐加熱。只需加熱一次。

## Step 3
### 取出耐熱碗，拌勻食材

微波結束後立刻取出耐熱碗，拌勻碗中的食材。此時因為耐熱碗仍處於高溫的狀態，所以要注意別燙傷了。以防萬一，可用餐巾紙或抹布墊著，再攪拌。

大功告成，上桌啦！

想吃東西時，
馬上就可享用到熱呼呼的美食喔。

# 我天天吃微波，
# 80 歲還是很勇健

只要會活用微波爐，就能天天都輕鬆做出美味的佳餚喔。

彈跳床運動是我每天早上的固定行程。

## 🕐 AM 5：00 奶茶時間

展開一天的活動前，喝下兩杯奶茶是我的習慣。然後再配上一大匙大蒜洋蔥醬。

不須另外燒熱水，只要把水倒進馬克杯，然後放入茶包，直接用微波爐加熱。

接著加入牛奶、成人奶粉以及砂糖後，奶茶就完成了。

## 🕐 AM 7：30 早飯

每天的晨間早餐：
蔬菜味噌湯、半熟蛋（P.88）、納豆、起司、發芽玄米飯 150g。
蛋、納豆和起司，這三種食物能改善認知功能。

⇨蔬菜味噌湯作法：
　把水和液體味噌調
　好比例後，加入在
　週末備好的冷凍蔬
　菜（P.197），接
　著放進微波爐裡加
　熱就可以囉。

## ⏰ PM 13：30 午餐

使用事先準備好的食材，可省下不少時間。
雞胸肉三明治、自製豆漿優格搭配香菇醬簡便湯。

把已經備好的雞胸肉（P.51）和醋泡高麗菜絲（P.32）拌上日式美乃滋一起夾在麵包裡，三明治就完成啦。

簡便湯的作法是，把香菇醬（P.49）加入水中後，再放入微波爐加熱。簡便湯既好喝，又含豐富的維生素 D。

## 🕐 PM 19：30 晚餐

出門購物時，背個大包包。

晚餐也要好好攝取蛋白質。
搭配豐富佐料的生魚片、冷豆腐配油薑、簡單海鮮湯、發芽玄米飯 150g。

生魚片放在保存袋裡直接冷凍。
結凍的生魚片只要放在盤子裡約 5 分鐘，即可完成解凍。

簡便海鮮湯的作法是，把鯖魚肉燥（P.48）加入水中後，放進微波爐加熱。接著把熱湯倒入碗裡，搭配水煮菠菜和烤麩會更美味。另可用醬油調味。

# 天天步行和做家事，
# 讓我增肌不增肥！

就算沒有運動的習慣，其實只要多走路，就能維持腳和腰部的良好狀態。攝影和料理教室的工作都需要站著，所以我除了吃午飯，基本上中途都沒有時間坐下來。

## 藉由打掃走 4,000 步

我會用吸塵器來清潔 40 坪大的住處，然後用拖把拖地。光是這樣就能走上 4,000 步了。

## 早上的彈跳床運動

彈跳產生的振動可以維持人的骨質密度。每天早上洗澡前，我都會做 100 次彈跳床運動。

## 靠做家事和工作來活動身體

我每天都會爬樓梯，來回穿梭在 2 樓的工作室以及 3 樓的住處之間。若把出外買食材也算在內的話，一天可以走 1 萬步。

### 外出買食材

攝影以及外出購買料理教室要用到的食材，也是我的工作。有時還會順道去銀行和郵局辦事，有時一天甚至可以走到 1 萬 7,000 步。

### 在料理教室裡也沒閒下來

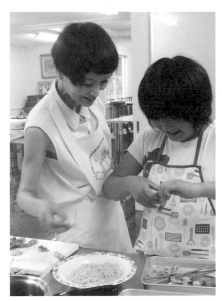

我的服務熱誠十足。上課時，除了實作之外，為了回答學員們的問題，我也會認真查找答案。

# 不忘時時補充乳製品

低脂的乳製品除了更易於保存,還能讓人輕鬆兼顧營養均衡。

沒有攝取到充足乳製品的日子,我會在優格或牛奶中,加入銀髮族專用營養補充奶粉後飲用,這樣就可以補充蛋白質和鈣質了。

每次搭飛機出差時,我都會攜帶小包裝的銀髮族專用營養補充奶粉,將其加入機上提供的咖啡裡飲用。

出差時我會自己帶便當,菜色都是對身體好又是自己喜歡的口味。便當裡的固定菜色有:起司一個(乳製品)、半熟水煮蛋、梅干口味的發芽玄米飯糰。

# 把營養送到身體各角落的「增肌調味料」

我一共設計了 8 款「增肌調味料」，

來幫大家打造健康的身體。

因為每種調味料的製作方法都很簡單，

建議各位讀者，不妨配合個人的身體狀況以及喜好，

先把調味料做起來放著，隨時使用。

# 促進血液循環，調整腸道環境

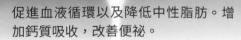

**醋泡高麗菜絲**
（作法請參考 P.32）

**醋泡洋蔥**
（作法請參考 P.33）

醋裡的「檸檬酸」成分，除了能促進血液循環，還能增加腸內益生菌（Probiotics）的活力，調整腸道環境。

促進血液循環以及降低中性脂肪。增加鈣質吸收，改善便祕。

\* 左邊使用的是紅洋蔥。

溫活[1] &
提升免疫力

藉由
大蒜和洋蔥
的雙重效果
來促進
血液循環

| 油薑 | 醬油薑 | 甜醋薑 |

（作法請參考 P.200～201）

大蒜洋蔥醬

（作法請參考 P.31）

---

1 譯註：日語的「溫活」，是指藉由溫暖身體，來提高基礎體溫，以改善身體上的毛病。一般認為人的體溫如果下降的話，可能會引起肩膀痠痛、浮腫以及肥胖等健康問題。

# 蛋白質與鈣質

三大匙的香菇醬，
能攝取到 1 ／ 3 的
維生素 D 與鈣質的
每日建議攝取量。

兩大匙的鯖魚肉燥，
能攝取到 1 ／ 3 的
維生素 D 與鈣質的
每日建議攝取量。

### 香菇醬

（作法請參考 P.49）

### 鯖魚肉燥

（作法請參考 P.48）

以乾燥香菇和吻仔魚為基底，
能攝取到維生素 D 和鈣質等微
量營養素。

把鯖魚罐頭的魚肉製成肉燥食
用，可以同時攝取到蛋白質、
鈣質和維生素 D。

# PART 1

600W
出力

5 6 7 8 9 10
4 12
3
2 15
1 0 分

タイマー

蛋白質、鈣質，
吃好吃足！

本章任何一道料理，都可以攝取到成人每日所需的蛋白質和鈣質的 1 ／ 3
量。搭配「增肌調味料」，除了能讓營養抵達身體的每一處，更有利人體
吸收，幫助大家有效率的打造強健的筋骨。

## 村上
## 方程式①

# 增肌餐＝

鯖魚罐頭　　　　沙丁魚罐頭

蛋白質、鈣質、維生素 D
三種營養一次滿足！

鯖魚和沙丁魚罐頭中，因為含有豐富的蛋白質、鈣質以及維生素 D，絕對是維持肌肉量和預防骨質疏鬆的最佳食物。若把這些食物拿來搭配下面這三種增肌調味料一起食用的話，不只能讓醋（檸檬酸）發揮促進全身血液循環的效果，還可以把營養送到身體的每一個角落。

**增肌調味料**

可以從下面
三種調味料中，
挑選自己
喜歡的味道。

**大蒜
洋蔥醬**　或　**醋泡
高麗菜絲**　或　**醋泡
洋蔥**

✓ 調味料裡的醋（檸檬酸）具有能提升血流速度的效果。
✓ 有助於把營養送到體內各處。
✓ 使血液循環順暢無阻。
✓ 保護胃黏膜。

# 最強增肌食材 ——
# 鯖魚罐頭和沙丁魚罐頭

為了節省時間找東西，食材和尚未吃完
的東西都要好好的收納在冰箱裡。除了
罐頭、增肌調味料之外，紅酒開瓶器不
妨也放冰箱裡。

　　鯖魚和沙丁魚是青魚種類[2]中營養
最豐富的，我們能藉由罐頭完整攝取。
吃魚罐頭除了可以獲取優良的蛋白質，
因為連魚骨頭都可以吃下肚，所以還能
同時攝取到鈣質。

　　鯖魚罐頭中還含有豐富的維生素 D，維生素 D 有助於人體吸收鈣
質，進而增加骨質密度。除上述營養成分之外，鯖魚和沙丁魚罐頭裡
還含有能幫助人體製造肌肉時，所需的「白胺酸」（Leucine，胺基酸
的一種）。

　　另外，說到青魚就不得不提 DHA（二十二碳六烯酸）和 EPA（二十
碳五烯酸）。目前已經知道，DHA 對預防和改善阿茲海默症，以及預
防失智症，都具有功效。

　　而 EPA 在維護血管和血液的健康方面，也扮演重要角色，它能增
加人體內的益生菌數量，預防動脈硬化，保持血液循環順暢。

---

2 譯註：日本人把背部顏色為青色的魚類，如秋刀魚、沙丁魚和鯖魚等，都稱之為「青魚」。

# 大蒜洋蔥醬

保存期間：
冷藏為一個月
冷凍為兩個月

材料（完成後約為 460g）

**洋蔥** …… 大 2 顆（共約 500g）
**大蒜** …… 100g
水 …… 100ml

A　砂糖 …… 60g
　│　檸檬汁或醋 …… 2 大匙

製作方法

**1.** 把洋蔥切成弧形。

**2.** 先把大蒜放入耐熱碗後，再放入洋蔥（a）。把水倒入碗中後蓋上保鮮膜，並在碗口兩端保留約 5mm 的空隙，然後用微波爐（600W）加熱 14 分鐘。

**3.** 把步驟 2 的大蒜和洋蔥，連同水分一起放入攪拌機，然後把 A 也加進攪拌機裡，攪拌至滑順的狀態即可。

**4.** 攪拌好後移至耐熱碗中，在不蓋保鮮膜的情況下，將耐熱碗放進微波爐（600W）加熱 8 分鐘。接著在仍保持高溫的情況下，將其移至乾淨的玻璃瓶內。蓋上瓶蓋後，放著降溫。

---

如果要常溫保存，每一個裝大蒜洋蔥醬的瓶子都要經過真空處理：在瓶口輕扣上瓶蓋的情況下，把瓶子並排放進鍋子裡。然後往鍋中注水，水的高度到瓶高的 2/3 停止，接著開火加熱。等水沸騰後，轉為中火繼續加熱 20 分鐘。從鍋中取出瓶子後，把瓶蓋拴緊，這麼一來，大蒜洋蔥醬在常溫下可以保存半年。

## 醋泡高麗菜絲

材料（完成後約為 700g）

**高麗菜** …… 500g

A　醋 …… 150ml
　　砂糖（ * ）…… 60g
　　鹽 …… 1 小匙

* 使用蜂蜜，用量為 140g；蔗糖或黑糖，用量同
　為 60g。

製作方法

**1.** 先把高麗菜切成長度約為 5cm 的絲狀，然後放入耐熱碗中。

**2.** 把A在鍋中煮沸，然後倒入耐熱碗中。可用幾個盤子來壓住高麗菜絲（a），然後靜置約 30 分鐘。

**3.** 待降溫後，將醋泡高麗菜絲移至乾淨的瓶子保存，蓋好瓶蓋後，在常溫下靜置一個晚上，隔天就可以食用了。

如果高麗菜絲吃完後，醋還有剩的話，可用剩下的醋再做一次醋泡高麗菜絲。但剩下的醋若要再次使用的話，重新煮沸過會比較快讓高麗菜絲入味。

a

# 醋泡洋蔥

## 保存期間：常溫、冷藏為一年
經過冷藏後，酸味會較為緩和

材料（完成後約為 850g）

**洋蔥或紅洋蔥（\*1）……大 2 顆（500g）**

A 醋 …… 150ml
砂糖（\*2）…… 60g
鹽 …… 1 小匙
水 …… 50ml

\*1 使用紅洋蔥，就會做出紅色的醋泡洋蔥。
\*2 使用蜂蜜，用量為 140g；蔗糖或黑糖，用量同為
60g。

製作方法

**1.** 用切片器把洋蔥切成薄片後，放進耐熱碗中。

**2.** 鍋裡先倒入 A，煮沸後，倒進步驟 1 的洋蔥裡（a）。可以用幾個盤子壓住洋蔥，
然後靜置約 30 分鐘。

**3.** 待冷卻後，將醋泡洋蔥移至乾淨的瓶子裡保存，立即可以食用。

| 每100g裡含有 | 大蒜洋蔥醬 | 醋泡高麗菜絲 | 醋泡洋蔥 |
|---|---|---|---|
| 熱量 | 124kcal | 59kcal | 57kcal |
| 鹽分 | 0g | 0.9g | 0.7g |
| 蛋白質 | 2.6g | 0.9g | 0.6g |
| 鈣質 | 30mg | 31mg | 12mg |
| 維生素 D | 0μg | 0μg | 0μg |

# 促進血液循環的最強搭檔

## {鯖魚罐頭＋醋泡洋蔥}

材料（1 人份）

**鯖魚罐頭**
（去掉水煮鯖魚罐頭裡湯汁）⋯⋯ 魚肉 100g
青椒 ⋯⋯ 3 顆（90g）

A **醋泡洋蔥**（作法請參考 P.33）⋯⋯ 1 大匙
芝麻油、豆瓣醬 ⋯⋯ 各 1 小匙
砂糖 ⋯⋯ 1／2 小匙

| 1 人份 | |
|---|---|
| 熱量 | 262kcal |
| 鹽分 | 1.0 g |
| 蛋白質 | 17.1 g |
| 鈣質 | 270 mg |
| 維生素 D | 11.0 µg |

製作方法

**1.** 把罐頭魚肉弄碎，青椒先對半縱切，然後切成細條狀。

**2.** 把魚肉和 A 放進耐熱碗後拌勻，再把青椒置於其上。

**3.** 輕輕蓋上保鮮膜，用微波爐（600W）加熱 3 分鐘。取出後充分拌勻就完成了。

微波
小訣竅

使用微波爐加熱時，把蔬菜放在魚或肉上方，讓食材均勻加熱。

# 青椒拌鯖魚

村上
MEMO

鯖魚配上青椒後，不但可以增加膳食纖維的攝取量，還能補充鯖魚所沒有的維生素 A 和 C。另外，豆瓣醬能讓身子暖活起來。

# 菠菜鯖魚拌芝麻油

村上
MEMO

菠菜裡豐富的鐵質，搭配鯖魚的蛋白質，可以
預防以及改善貧血。

| 1 人份 | |
| --- | --- |
| 熱量 | 285 kcal |
| 鹽分 | 1.1 g |
| 蛋白質 | 20.3 g |
| 鈣質 | 406 mg |
| 維生素 D | 11.0 μg |

# {鯖魚罐頭＋大蒜洋蔥醬}

材料（1 人份）

**鯖魚罐頭**（去掉水煮鯖魚罐頭裡的湯汁）…… 魚肉 100g
菠菜 …… 3 株（100g）

A　**大蒜洋蔥醬**（作法請參考 P.31）…… 1 大匙
　　白芝麻粉…2 小匙
　　薄口醬油[3]、芝麻油 …… 各 1／2 小匙

製作方法

**1.** 把罐頭魚肉弄碎。

**2.** 把菠菜放進可微波的耐熱保鮮袋後，在不密封保鮮袋的情況下，置於耐熱碗中，不使用保鮮膜，放進微波爐（600W）加熱 1 分 30 秒。將去除水分和蒸氣後的菠菜，切成長約 1cm 的小塊。

**3.** 把 A 倒入碗中，將其和魚肉以及菠菜充分攪拌後就完成了。

| | | |
|---|---|---|
| 保鮮袋開口不要密封，將菠菜對折，讓比較不易受熱的莖朝上。 | 不要使用保鮮膜，直接放進微波爐加熱。 | 加熱後，連袋子一起放入水中，待降溫後，再從袋中取出菠菜。 |

---

3 譯註：薄口醬油為日本醬油的一種。顏色雖然偏淡，但鹽分較高，味道也偏濃。常用於烹調日本關西口味的料理。

# 鯖魚馬鈴薯豆漿湯

村上
MEMO

目前已知,豆漿裡的「異黃酮」能起到
與女性荷爾蒙中「雌激素」相似的作用。
這道湯品不但可以幫助調整人體荷爾蒙
的平衡,還能預防骨質疏鬆。

# ｛鯖魚罐頭＋大蒜洋蔥醬｝

材料（1 人份）

**鯖魚罐頭**（水煮）…… 魚肉 100g
**鯖魚罐頭**裡的湯汁 …… 2 大匙
馬鈴薯 …… 小 1 顆（100g）

A　豆漿 …… 100ml
｜　**大蒜洋蔥醬**（作法請參考 P.31）…… 1 大匙

粗粒黑胡椒 …… 適量

製作方法

**1.** 把馬鈴薯切成厚 1cm，長約 5 ～ 6cm 的棒狀。

**2.** 把魚肉和罐頭湯汁裝到耐熱碗中，接著把魚肉弄成較大的碎塊狀。然後把 A 倒入碗中，最後再放上馬鈴薯條。

**3.** 不使用保鮮膜，直接放進微波爐（600W）加熱 5 分鐘。取出後請充分攪拌，然後盛裝到其他容器，最後撒上粗粒黑胡椒，就完成了。

| 1 人份 | |
|---|---|
| 熱量 | 373 kcal |
| 鹽分 | 0.9 g |
| 蛋白質 | 24.4 g |
| 鈣質 | 346 mg |
| 維生素 D | 13.0 μg |

# 沙丁魚罐頭炒苦瓜

**村上 MEMO**

沙拉油和醋泡高麗菜絲能緩和苦瓜的苦味。
加上一顆蛋後，能多增加 6.2g 的蛋白質。

# {沙丁魚罐頭＋醋泡高麗菜絲}

材料（1 人份）

**沙丁魚罐頭**（去掉水煮沙丁魚的水分）…… 魚肉 60g
苦瓜 …… 1／4 條（50g）
雞蛋 …… 1 顆

A **醋泡高麗菜絲** …（作法請參考 P.32）…… 1 大匙
│　沙拉油 …… 1 小匙

製作方法

**1.** 把沙丁魚肉弄碎。苦瓜切成約 5mm 厚的薄片。

**2.** 把 1 放入耐熱碗中，接著放入 A，充分拌勻。

**3.** 輕輕蓋上保鮮膜後，用微波爐（600W）加熱 2 分鐘。

**4.** 取出後先拌勻食材，接著淋上蛋液。然後再輕輕蓋上保鮮膜，用微波爐
（600W）加熱 1 分鐘。取出後再次拌勻。

微波
小訣竅

把蛋液淋在加熱過的苦
瓜上再微波加熱，能避
免蛋被過度加熱，維持
鬆軟的狀態。

| 1 人份 | |
| --- | --- |
| 熱量 | 265 kcal |
| 鹽分 | 1.1 g |
| 蛋白質 | 19.6 g |
| 鈣質 | 241 mg |
| 維生素 D | 5.0 µg |

# 沙丁魚罐頭炒飯

村上
MEMO

沙丁魚含有豐富的 DNA 和 EPA，搭配大蒜
洋蔥醬後，能讓血液保持暢通。

# {沙丁魚罐頭＋大蒜洋蔥醬}

材料（1 人份）

**沙丁魚罐頭**（去掉水煮沙丁魚的水分）…… 魚肉 60g
米飯（玄米飯或個人喜好種類）…… 1 碗（150g）
雞蛋 …… 1 顆

A　**大蒜洋蔥醬**（作法請參考 P.31）…… 1 大匙
│　沙拉油 …… 1 小匙

胡椒 …… 少許
珠蔥（切成蔥花）…… 適量

製作方法

**1.** 把沙丁魚肉弄碎。

**2.** 在耐熱碗中打顆蛋，打散後加入 1 和 A，將其充分拌勻。

**3.** 輕輕蓋上保鮮膜，接著用微波爐（600W）加熱 1 分鐘。取出後充分攪拌（讓蛋呈現出柔軟的炒蛋狀）。

**4.** 把飯加入碗中後拌勻，接著再次輕輕蓋上保鮮膜，用微波爐（600W）加熱 2 分鐘。取出後把炒飯拌勻，接著撒些胡椒。盛裝到其他容器後，再撒上蔥花就完成了。

| 1 人份 | |
|---|---|
| 熱量 | 455 kcal |
| 鹽分 | 0.7 g |
| 蛋白質 | 22.9 g |
| 鈣質 | 236 mg |
| 維生素 D | 6.0 μg |

村上
# 方程式②

# 增肌餐＝

## 家裡常備的蛋白質來源

我推薦的
優良蛋白質。

雞胸肉　　　雞蛋　　　油豆腐

豆腐　　　納豆　　　蒸黃豆

因為蛋白質無法儲存在人體內，所以我建議每餐攝取 24 ～ 30g，這樣最能完整達到消化與吸收的功用。

這麼做也可藉由三餐來攝取到人體一天所需的蛋白質。我們可以活用家中常備的食材，完整攝取蛋白質。

如果再搭配鯖魚肉燥和香菇醬這兩種增肌調味料一起食用，還可維持肌肉量、幫助身體保留鈣質。

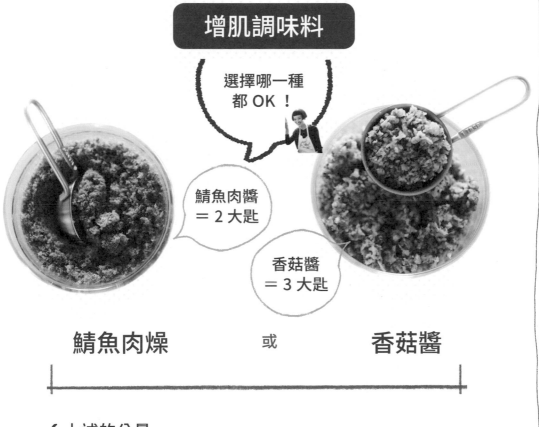

**增肌調味料**

選擇哪一種
都 OK ！

鯖魚肉醬
＝ 2 大匙

香菇醬
＝ 3 大匙

**鯖魚肉燥**　　或　　**香菇醬**

✓ 上述的分量，
可以攝取到人體一天所需的維生素 D 和鈣質的 1 ／ 3。

# 家庭常備食物
# 輕鬆攝取蛋白質

溫泉蛋配飯，另外加點鯖魚肉燥，
這樣比單吃飯或雞蛋，
更能維持肌肉量和骨質密度。

## 雞胸肉

不分男女，只要年過半百，肌肉的分解速度都會加快。若想有效率的增加肌肉，就必須多吃些高蛋白、低脂肪的食物。

去皮雞胸肉不但脂肪含量低，且每 100g 肉含有 23.3g 蛋白質。此外，雞胸肉還含有白胺酸以及咪唑二肽（Imidazole Dipeptide）這兩種成分。

白胺酸能促進肌肉合成，提高肌力。而咪唑二肽則能有效的消除身體疲勞。

## 黃豆製品

黃豆中的異黃酮具有類似女性荷爾蒙的功效，可預防骨質疏鬆以及減輕更年期障礙的症狀。以黃豆為原料製成的豆腐中，含有豐富鈣質。所以食用油豆腐、日式炸豆皮和炸豆腐餅[4]，一樣可以攝取到大量的鈣質。黃豆發酵後製成的納豆，對預防血栓，也具有一定的功效。

## 雞蛋

雞蛋蛋黃含有膽鹼，目前已知膽鹼可預防及改善認知症。雖然蛋黃含有不少膽固醇，但其中的卵磷脂成分，能抑制低密度脂蛋白（也稱為壞膽固醇）累積。

有關膽固醇的攝取限制，現在已經從（日本人的）飲食攝取基準中移除了，對健康的人來說，每天吃 1 ～ 2 顆雞蛋，並不會對身體造成什麼不良的影響。人類每天所需的蛋白質約為 90g，而動物性和植物性蛋白質的攝取比例，以 2 比 1 最為理想。

---

4 譯註：日本的炸豆腐餅是一種把豆腐弄碎，和切碎的蔬菜以及昆布和在一起後，經過油炸所製成的丸子狀或餅狀豆腐製品。

## 鯖魚肉燥

保存期間：冷藏為 2 星期
　　　　　冷凍為 2 個月

材料（成品約 85g）

**鯖魚罐頭**（水煮）……1 個（總重 190g）

製作方法

**1.** 先把罐頭裡的魚肉和湯汁（＊）分開。然後把魚肉放進食物處理機裡攪成細碎狀。

**2.** 把 1 的魚肉移至耐熱碗中，輕輕蓋上保鮮膜後，放進微波爐（600W）加熱 3 分鐘。取出後用攪拌器把魚肉打散（a），不要蓋保鮮膜，再次放進微波爐（600W）加熱 3 分鐘。

**3.** 取出後，再用攪拌器把魚肉打得細碎些（b）。最後放進保存容器裡就完成了。

＊ 罐頭湯汁可做成調味料來使用，方法如下：

### 營養豐富的罐頭湯汁調味料

先將鯖魚罐頭（水煮）的湯汁 40g 移至瓶中，然後把一大匙的醋和橄欖油，以及 2、3 滴醬油加到湯汁裡，蓋上瓶蓋後經過充分混合就完成了。

# 香菇醬

保存期間：冷藏為 1 星期
　　　　　冷凍為 2 個月

材料（完成後約為 170g）

**乾燥香菇** …… 40g
水 … 140ml

A　吻仔魚 …… 20g
　│ 成人奶粉或脫脂奶粉…… 10g

製作方法

**1.** 把乾燥香菇放進耐熱保鮮袋中，接著再加入水、擠掉空氣後，束緊袋口。

**2.** 把 1 放進耐熱容器中，用微波爐（600W）加熱 1 分鐘，取出後靜置 10 分鐘。去除掉剩餘的蒸氣後，把香菇直接放入食物處理機中（a）絞碎。

**3.** 接著把香菇移至耐熱碗中，輕輕蓋上保鮮膜後，用微波爐（600W）加熱 2 分鐘。取出後加進 A，經充分混合後用容器保存起來就完成了。

| 1 人份 | 鯖魚肉燥 | 香菇醬 |
|---|---|---|
| 熱量 | 25 kcal | 7 kcal |
| 鹽分 | 0.1 g | 0.1 g |
| 蛋白質 | 2.2 g | 0.9 g |
| 鈣質 | 36 mg | 9 mg |
| 維生素 D | 1.5 µg | 1.0 µg |

# 便利商店的雞胸肉，
# 自己也能做

# 事先處理 〔雞胸肉〕

| 1 人份 | |
|---|---|
| 熱量 | 173 kcal |
| 鹽分 | 0.1 g |
| 蛋白質 | 34.9 g |
| 鈣質 | 7 mg |
| 維生素 D | 0 μg |

材料（容易製作的分量、成品 140g）

**生雞胸肉**（去皮）…… 1 塊（200g）

製作方法

**1.** 把生雞胸肉放進耐熱保鮮袋裡，保鮮袋不要封口，直接放到耐熱碗中（a）。

**2.** 不要蓋保鮮膜，直接用微波爐（600W）加熱 4 分鐘。加熱並放涼後，連水分一起裝進容器內，放入冷凍庫保存。

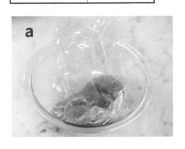

\* 本書食譜中提到的材料「雞胸肉」，皆是指已處理過的。

---

## 煮東西或煮飯時也可同步進行，相當方便。

電鍋

鍋子

用鍋子或電鍋也能製作喔！

把洗好的米放進電鍋後，加入適量的水，靜置 15 分鐘。接著把雞肉裝進耐熱保鮮袋，將袋口束緊後置於米的上方，用倍速模式來煮飯。飯煮好後即可取出。

**1.** 把生雞肉放進耐熱保鮮袋，盡可能把袋中的空氣擠出來，然後用橡皮筋束緊袋口。

**2.** 鍋中倒入 4 杯水後煮沸。接著把 1 放進鍋中，用中強火煮 5 分鐘。翻面後再煮 5 分鐘，然後取出。

# 原汁原味雞胸肉

村上
MEMO

雞胸肉搭配用 2 大匙鯖魚肉燥或 3 大匙香菇醬
所製成的佐料一起食用，能補充到更多蛋白質
和鈣質。

# ｛雞胸肉＋鯖魚肉燥或香菇醬｝

材料（1 人份）

**雞胸肉** …… 60g

A  **鯖魚肉燥**（作法請參考 P.48）…… 2 大匙
　│　或 **香菇醬**（作法請參考 P.49）…… 3 大匙
　│　水 …… 1 大匙
　│　醬油 …… 1 ／ 2 小匙

檸檬（半圓形）…… 1 片
芥末 …… 適量

製作方法

**1.** 將雞胸肉斜切成薄片。

**2.** 把 1 裝盤，佐一片檸檬。用另一個小碟子盛裝混合好的 A，然後配上適量的芥末。

| 1 人份 | |
|---|---|
| 熱量 | 173 kcal |
| 鹽分 | 0.7 g |
| 蛋白質 | 25.6 g |
| 鈣質 | 76 mg |
| 維生素 D | 3.0 µg |

# 雞胸肉棒棒雞 [5]

**村上 MEMO**

用擀麵棍捶打雞胸肉能敲斷雞肉纖維，多了這道手續不但可以讓雞肉更好食用，也容易使其沾附醬汁。另外，每 100g 水菜中所含的維生素 C，相當於半顆檸檬。

# ｛雞胸肉＋鯖魚肉燥或香菇醬｝

材料（1 人份）

**雞胸肉** …… 50g
水菜 …… 100g

A **鯖魚肉燥**（作法請參考 P.48） ……… 2 大匙
  或 **香菇醬**（作法請參考 P.49） …… 3 大匙
  砂糖、醬油、芝麻油、日式美乃滋 …… 各 1 小匙
  白芝麻 …… 少許

製作方法

**1.** 首先用保鮮膜包裹雞胸肉，然後用擀麵棍把雞肉打鬆、打散。

**2.** 把水菜放進耐熱保鮮袋裡後，放進微波爐（600W）加熱 1 分鐘。取出後，去除水分，然後依 4 ～ 5cm 長切段，接著再去除一次水分。

**3.** 將 1、2 裝盤，然後把混合好的 A 淋到雞肉和水菜上，最後撒上白芝麻就完成了。

| 1 人份 | |
|---|---|
| 熱量 | 239 kcal |
| 鹽分 | 1.4 g |
| 蛋白質 | 24.8 g |
| 鈣質 | 288 mg |
| 維生素 D | 3.0 µg |

5 譯註：棒棒雞源自中國的川菜。這是一道把煮（或蒸）熟的雞肉撕碎，然後拌上加入醬油、醋、砂糖、辣油、芝麻油、蔥花以及薑末等調製而成的芝麻醬來食用的雞肉料理。在日本通常會搭配黃瓜或海蜇皮來吃。

# 雞胸肉雞塊

村上
MEMO

混在鯖魚肉燥裡的高筋麵粉，經微波加熱後，會產生一股焦香味，增添飲食的樂趣。雞胸肉塊的熱量低，很適合拿來當減肥餐。

# ｛雞胸肉＋鯖魚肉燥或香菇醬｝

材料（1 人份）

**雞胸肉** …… 50g

A **鯖魚肉燥** （作法請參考 P.48 ）…… 2 大匙
 或 **香菇醬** （作法請參考 P.49 ）…… 3 大匙
 砂糖、高筋麵粉 …… 各 1 小匙

皺葉萵苣 ……2 片
臭橙[6]（切片 ）…… 1 片

製作方法

**1.** 首先用保鮮膜包裹雞胸肉，然後用擀麵棍把雞肉打鬆。

**2.** 去掉保鮮膜後把雞肉放到耐熱碗中，接著把調好的 A 淋到雞肉上。輕輕蓋上保鮮膜後，放進微波爐（ 600W ）加熱 2 分鐘。取出後把雞肉切塊，每塊大小約 3cm。

**3.** 把皺葉生菜鋪在容器底部，然後把 2 放到生菜上，最後配上一片臭橙就完成了。

| 1 人份 | |
|---|---|
| 熱量 | 177 kcal |
| 鹽分 | 1.0 g |
| 蛋白質 | 23.6 g |
| 鈣質 | 104 mg |
| 維生素 D | 3.0 µg |

6 譯註：臭橙是日本大分縣的特產，果實呈圓形，酸味強，是柚子的近親。比起直接食用，更常被用於料理的調味，風味接近青檸或柚子。

# 雞肉雙色拌飯

村上
MEMO

想輕鬆解決一餐，又要同時攝取到蛋白質和蔬菜的話，吃拌飯就對了。豌豆也可用切好的綠色葉菜類取代。

# ｛雞胸肉＋鯖魚肉燥或香菇醬｝

材料（1 人份）

**雞胸肉** …… 50g
豌豆 …… 50g

A　**鯖魚肉燥**（作法請參考 P.48）…… 2 大匙
　　或 **香菇醬**（作法請參考 P.49）…… 3 大匙
　　醬油、芝麻油 …… 各 1 小匙

米飯（玄米飯或個人喜好種類）…… 1 碗（150g）

製作方法

**1.** 把雞胸肉切成約 1cm 大小的塊狀。把每條碗豆切成 3 等分。

**2.** 把 1 放到耐熱碗中，接著加入 A 後拌勻。最後才加入飯。

**3.** 輕輕蓋上保鮮膜後，放到微波爐（600W）加熱 3 分鐘。取出後充分拌勻就完成了。

| 1 人份 | |
|---|---|
| 熱量 | 447 kcal |
| 鹽分 | 1.2 g |
| 蛋白質 | 27.9 g |
| 鈣質 | 100 mg |
| 維生素 D | 3.0 µg |

## 雞胸肉捲餅

村上
MEMO

我們可以用壓成薄片的土司，來取代捲餅餅皮。另外，也可用起司片來取代起司粉，成品一樣美味可口。

# {雞胸肉＋鯖魚肉燥或香菇醬}

材料（1 人份）

**雞胸肉** …… 50g
小番茄 …… 2 顆
香菜 …… 3、4 根
**鯖魚肉燥**（作法請參考 P.48）…… 2 大匙
或 **香菇醬**（作法請參考 P.49）…… 3 大匙
起司粉 …… 1 大匙
吐司（切邊，厚度約 1.5cm）…… 1 片（40g）

| 1 人份 | |
| --- | --- |
| 熱量 | 268 kcal |
| 鹽分 | 1.0 g |
| 蛋白質 | 27.3 g |
| 鈣質 | 127 mg |
| 維生素 D | 3.0 µg |

製作方法

**1.** 先將雞胸肉撕成 1cm 大小。然後把小番茄對半切，香菜依 10 ～ 12cm 長切段。

**2.** 接著把長寬為 20cm 的保鮮膜置於砧板上，然後放上吐司，再用擀麵棍把土司壓薄。

**3.** 再來把鯖魚肉燥和起司粉均勻撒在吐司上，接著按照順序把 1 的香菜、雞胸肉和小番茄放上去。

**4.** 然後提起靠近身體那一側的保鮮膜，用吐司把食材包起來。接著把保鮮膜兩側擰緊之後折好。最後把擰緊處置於下方，靜置 10 分鐘。

**5.** 在包著保鮮膜的狀態下對半斜切，然後去掉保鮮膜就完成了。

食材超出於吐司範圍之外也不要緊。

提起靠近身體那一側的保鮮膜，用吐司包住食材。

保鮮膜兩端擰緊後折好。

把擰緊處置於下方，調整好。

## 薩摩汁 <sup>7</sup>

不論是鯖魚肉燥還是香菇醬，味道都很好，只要有這兩樣法寶，無須高湯就能做出好喝的湯品。也可以用市面上販售的蔬菜調理包來取代牛蒡或紅蘿蔔。

# ｛雞胸肉＋鯖魚肉燥或香菇醬｝

材料（1 人份）

**雞胸肉** …… 50g
牛蒡 …… 8cm（20g）
紅蘿蔔 …… 2cm（20g）
豆腐（盒裝豆腐或木棉豆腐）…… 1／3 盒（50g）

A **鯖魚肉燥**（作法請參考 P.48）…… 2 大匙
  或 **香菇醬**（作法請參考 P.49）…… 3 大匙
  味噌 …… 2 小匙
  水 …… 150ml

七味唐辛子 …… 少許

製作方法

**1.** 先將雞胸肉切成 2cm 大小。然後把牛蒡和紅蘿蔔切成薄片狀（或切成薄片狀的蔬菜也可以）。豆腐切丁（1cm）。

**2.** 把 A 和 1 放進耐熱量杯中，不要蓋保鮮膜，直接放進微波爐（600W）加熱 6 分鐘。取出後充分混合，然後盛裝到碗中，最後撒上七味唐辛子就完成了。

| 1 人份 | |
|---|---|
| 熱量 | 217 kcal |
| 鹽分 | 1.7 g |
| 蛋白質 | 27.3 g |
| 鈣質 | 147 mg |
| 維生素 D | 3.0 µg |

---

7 譯註：薩摩汁是源自日本鹿兒島縣的地方料理。作法是把雞肉、豬肉、白蘿蔔、牛蒡、芋頭和蒟蒻等食材加入味噌湯裡，煮熟後食用。

# 雞肉小松菜湯

### 村上 MEMO

食慾不佳的時候，好入喉的湯品能讓人吃得津津有味。富含鈣質的小松菜，搭配增肌調味料，能為我們打點好均衡的營養。

# ｛雞胸肉＋鯖魚肉燥或香菇醬｝

材料（1 人份）

**雞胸肉** …… 50g
小松菜 …… 3 株（90g）

A **鯖魚肉燥**（作法請參考 P.48）…… 2 大匙
或 **香菇醬**（作法請參考 P.49）…… 3 大匙
醬油、料理酒 …… 各 1 小匙
水 …… 120ml

白芝麻 …… 1 ／ 4 小匙

製作方法

**1.** 把雞胸肉切成厚度 5mm 的薄片，小松菜切成 4cm 長。

**2.** 將 A 和 1 放進耐熱量杯中，輕輕蓋上保鮮膜後，用微波爐（600W）加熱 5 分鐘。

**3.** 取出後倒入碗中，撒上白芝麻後就完成了。

| 1 人份 | |
| --- | --- |
| 熱量 | 181 kcal |
| 鹽分 | 1.2 g |
| 蛋白質 | 27.5 g |
| 鈣質 | 242 mg |
| 維生素 D | 3.0 µg |

# 黃豆食品，滿滿都是優良蛋白質和鈣質

## {油豆腐＋鯖魚肉燥或香菇醬}

材料（1 人份）

**油豆腐** …… 小 2 ／ 3 塊（100g）
馬鈴薯 …… 1 ／ 2 顆（75g）
紅蘿蔔 …… 1 ／ 4 根（30g）

A **鯖魚肉燥**（作法請參考 P.48）…… 2 大匙
  或 **香菇醬**（作法請參考 P.49）…… 3 大匙
  咖哩粉（塊）*…… 2 大匙（20g）
  水 …… 120ml

米飯（玄米飯或個人喜好種類）…… 1 碗（150g）
* 咖哩塊的話，請切 20g 來使用。

| 1 人份 | |
| --- | --- |
| 熱量 | 618 kcal |
| 鹽分 | 2.3 g |
| 蛋白質 | 22.1 g |
| 鈣質 | 350 mg |
| 維生素 D | 3.0 µg |

製作方法

**1.** 把油豆腐切成三角形。馬鈴薯和紅蘿蔔依個人喜好切塊。

**2.** 把 A 和 1 放入耐熱碗中。輕輕蓋上保鮮膜後，用微波爐（600W）加熱 6 分鐘。

**3.** 取出後充分拌勻，然後移至已盛上飯的容器裡就完成了。

# 油豆腐咖哩

**村上 MEMO**

油豆腐中的蛋白質為普通豆腐的 1.5 倍、鈣質為 2.5 倍以上，連鐵質都是一般豆腐的 1.6 倍，是相當優秀的食材。油豆腐不易煮爛，口感也佳，吃起來更是有飽足感。

# 甘煮[8]油豆腐

村上
MEMO

調味料含有營養豐富的鯖魚肉燥，用水溶性
的馬鈴薯粉來做勾芡，能讓豆腐和醬料完美
結合在一起，真是開胃。

# ｛油豆腐＋鯖魚肉燥或香菇醬｝

材料（1 人份）

**油豆腐** …… 小 2 ／ 3 個（100g）
菜豆 …… 4 根（30g）

A **鯖魚肉燥**（作法請參考 P.48）…… 2 大匙
　│　或 **香菇醬**（作法請參考 P.49）…… 3 大匙
　│　油、料理酒 …… 各 2 小匙
　│　水 …… 100ml

B　馬鈴薯粉 …… 1 ／ 2 小匙
　│　水 …… 1 小匙

製作方法

**1.** 把油豆腐切塊（3cm），菜豆切段（3cm）。

**2.** 把 A 和 1 放入耐熱碗中，輕輕蓋上保鮮膜後，用微波爐（600W）加熱 4 分鐘。

**3.** 取出後，加入混合好的 B，利用餘熱來做勾芡後完成。

| 1 人份 | |
|---|---|
| 熱量 | 233 kcal |
| 鹽分 | 1.9 g |
| 蛋白質 | 16.6 g |
| 鈣質 | 328 mg |
| 維生素 D | 3.0 µg |

8 譯註：甘煮指的是，用砂糖、料理酒、醬油和味醂調出來口味較濃的醬汁，煮肉類或蔬菜的烹調方式。

# 黃豆義大利蔬菜湯

與水煮黃豆相比，蒸黃豆除了含有豐富的維生素和礦物質，還具有大量能改善腸內環境的大豆寡糖，以及異黃酮等營養及功能性成分。

# { 蒸黃豆＋鯖魚肉燥或香菇醬 }

材料（1 人份）

**蒸黃豆**（市販品）…… 50g
牛絞肉 …… 50g
小松菜 …… 3 ～ 4 株（100g）
番茄汁 …… 150ml

A **鯖魚肉燥**（作法請參考 P.48）…… 2 大匙
  或 **香菇醬**（作法請參考 P.49）…… 3 大匙
  鹽 …… 1 ／ 5 小匙
  橄欖油 …… 1 小匙

起司粉 …… 1 大匙

製作方法

**1.** 把小松菜切成 1cm 長。

**2.** 把 A 放入耐熱碗後加進黃豆和絞肉，並充分攪拌。接著倒入番茄汁，再把 1 也加入碗中。不用蓋保鮮膜，直接放進微波爐（600W）加熱 6 分鐘。

**3.** 取出後盛裝到其他容器，然後再撒上起司粉，就完成了。

| 1 人份 | |
|---|---|
| 熱量 | 370 kcal |
| 鹽分 | 1.5 g |
| 蛋白質 | 23.6 g |
| 鈣質 | 341 mg |
| 維生素 D | 3.0 μg |

# 黃豆溫沙拉

**村上 MEMO**

蒸煮黃豆配上黃豆粉，不只可以獲得完整的黃豆營養，味道更是香噴噴。此外還能補充大量的膳食纖維。

# ﹝蒸黃豆＋鯖魚肉燥或香菇醬﹞

材料（1 人份）

**蒸黃豆**（市販品）…… 100g
黃瓜 …… 1／2 根（50g）
**鯖魚肉燥**（作法請參考 P.48）…… 2 大匙
或 **香菇醬**（作法請參考 P.49）…… 3 大匙
檸檬汁 …… 1／2 顆檸檬
大蒜泥 …… 1／2 小匙
黃豆粉 …… 1 大匙
鹽、醬油 …… 適量
橄欖油 …… 1 小匙

製作方法

**1.** 小黃瓜切成約 1cm 的丁狀。

**2.** 把所有食材放進耐熱碗中，攪拌均勻。

**3.** 輕輕蓋上保鮮膜，放進微波爐（600W）加熱 1 分鐘後，即可食用。

| 1 人份 | |
|---|---|
| 熱量 | 272 kcal |
| 鹽分 | 0.7 g |
| 蛋白質 | 20.4 g |
| 鈣質 | 211 mg |
| 維生素 D | 3.0 µg |

## 麻婆豆腐

### 村上 MEMO

日本的充填豆腐是把豆漿直接裝入容器裡，然後加進（充填）凝固劑，接著再經由密封及加熱的步驟，最後再放涼後所凝固而成的豆腐。充填豆腐因為製作過程中沒有碰水，所以營養豐富又可長期保存，很適合在家裡存放一些。

# {豆腐＋鯖魚肉燥或香菇醬}

材料（1 人份）

__豆腐__ （充填豆腐[9] 或木棉豆腐）…… 1 盒（150g）
豬絞肉 …… 50g

A **鯖魚肉燥** （作法請參考 P.48）…… 2 大匙
　或 **香菇醬** （作法請參考 P.49）…… 3 大匙
　砂糖、醬油 …… 各 1 大匙
　馬鈴薯粉、芝麻油 …… 各 1 小匙
　豆瓣醬 …… 1／2 小匙
　薑末、蒜末 …… 各 1／2 小匙

熱水 …… 50ml
珠蔥 （切成蔥花）…… 適量

製作方法

**1.** 豆腐切塊（每邊約 2.5cm）。

**2.** 把 A 放進耐熱碗中，然後倒入熱水並充分攪拌混合。接著加入豬絞肉，並把肉末打散，最後加入 1。

**3.** 輕輕蓋上保鮮膜，放進微波爐（600W）加熱 5 分鐘。取出後充分拌勻，最後撒上蔥花就完成了。

| 1 人份 | |
|---|---|
| 熱量 | 354 kcal |
| 鹽分 | 1.5 g |
| 蛋白質 | 21.7 g |
| 鈣質 | 133 mg |
| 維生素 D | 3.0 µg |

9 譯註：類似臺灣的盒裝豆腐。

# 豆腐燴蛤蠣

# ｛豆腐＋鯖魚肉燥或香菇醬｝

材料（1人份）

**豆腐**（充填豆腐或木棉豆腐）……1 盒（150g）
水煮蛤蠣罐頭（去殼蛤蠣肉）…… 2 大匙
鴻喜菇 …… 1／2 盒（50g）

A **鯖魚肉燥**（作法請參考 P.48）…… 2 大匙
或 **香菇醬**（作法請參考 P.49）…… 3 大匙
蛤蠣罐頭的湯汁 …… 2 大匙
馬鈴薯粉、料理酒、醬油 …… 各 1 小匙
水 …… 50ml

酢橘[10]（切片）…… 1 片

製作方法

**1.** 把鴻喜菇分成小株。

**2.** 把 A 放進耐熱碗中後，充分混合。然後加入豆腐和蛤蠣肉，最後才放上 1。

**3.** 輕輕蓋上保鮮膜，用微波爐（600W）加熱 3 分鐘。取出後盛裝到其他容器，配上一片酢橘就完成了。

| 1 人份 | |
| --- | --- |
| 熱量 | 182 kcal |
| 鹽分 | 1.3 g |
| 蛋白質 | 18.2 g |
| 鈣質 | 153 mg |
| 維生素 D | 3.0 µg |

---

10 譯註：酢橘是日本德島縣的特產。和臭橙同屬香酸的柑橘類。果實小，果肉酸度高，具有特殊的香氣。經常用於用於料理調味。

# 炒豆腐

村上
MEMO

製作炒豆腐因為不用去除豆腐中的水分，因此想吃的時候，隨時可以動手做。一次多做一些，還能把部分存放起來，之後食用。冷藏的情況下，炒豆腐可以放 2～3 天。

# ｛豆腐＋鯖魚肉燥或香菇醬｝

材料（1 人份）

**豆腐**（充填豆腐或木棉豆腐）…… 1 盒（150g）
雞蛋 …… 1 顆
紅蘿蔔 …… 1／4 根（30g）
菜豆 …… 1 根（8g）

A **鯖魚肉燥**（作法請參考 P.48）…… 2 大匙
  或 **香菇醬**（作法請參考 P.49）…… 3 大匙
  鹽 …… 1／5 小匙
  砂糖、馬鈴薯粉 …… 各 1 小匙
  芝麻油 …… 1／2 小匙

製作方法

**1.** 把紅蘿蔔切成 4cm 長的細絲，菜豆斜切成薄片。

**2.** 把豆腐放進耐熱碗中，然後用打蛋器把豆腐打碎，接著把 1 和 A 也放進碗中，並充分拌勻。最後淋上攪拌好的蛋液。

**3.** 輕輕蓋上保鮮膜，用微波爐（600W）加熱 4 分鐘，取出後拌勻就完成了。

| 1 人份 | |
| --- | --- |
| 熱量 | 272 kcal |
| 鹽分 | 1.3 g |
| 蛋白質 | 19.0 g |
| 鈣質 | 158 mg |
| 維生素 D | 4.0 μg |

# 山茼蒿拌納豆

村上
MEMO

納豆的納豆激酶（Nattokinase）具有預防血
栓的作用，且膳食纖維還能抑制血糖上升。
大家平常在吃飯時，不妨搭配納豆一起食用。

# ｛納豆＋鯖魚肉燥或香菇醬｝

材料（1 人份）

**納豆** …… 2 盒（70g）
山茼蒿 …… 4 ～ 5 株 ……（70g）

A **鯖魚肉燥**（作法請參考 P.48）…… 2 大匙
│ 或 **香菇醬**（作法請參考 P.49）…… 3 大匙
│ 醬油 …… 1 小匙

製作方法

**1.** 把山茼蒿放進耐熱保鮮袋中，接著將保鮮袋放入耐熱碗中，袋口不要密封。
然後用微波爐（600W）加熱 1 分 30 秒。取出後去除多餘的水和水蒸氣，然後
把山茼蒿切碎。

**2.** 接著把納豆倒入碗中，與 A 充分攪拌，最後加入 1，就完成了。

| 1 人份 | |
|---|---|
| 熱量 | 188 kcal |
| 鹽分 | 1.2 g |
| 蛋白質 | 16.5 g |
| 鈣質 | 211 mg |
| 維生素 D | 3.0 µg |

納豆炒飯

村上
MEMO

納豆的納豆激酶（Nattokinase）具有預防血栓
的作用，且膳食纖維還能抑制血糖上升。
大家平常在吃飯時，不妨搭配納豆一起食用。

# {納豆＋鯖魚肉燥或香菇醬}

材料（1 人份）

**納豆** …… 2 盒（70g）
雞蛋 …… 1 顆
香菜 …… 2 把
米飯（玄米飯或個人喜好種類）…… 1 碗（150g）

A　**鯖魚肉燥**（作法請參考 P.48）…… 2 大匙
　　或 **香菇醬**（作法請參考 P.49）…… 3 大匙
　　醬油 …… 2 小匙
　　沙拉油 …… 1 小匙
　　胡椒 …… 少許

製作方法

**1.** 先留下少許來做裝飾用的香菜，剩下的切細。把米飯和 A 混合拌勻。

**2.** 把打好的蛋液倒進耐熱碗中，然後加進納豆和 1。

**3.** 輕輕蓋上保鮮膜，用微波爐（600W）加熱 4 分鐘後，取出拌勻。最後把炒飯盛裝到其他容器裡擺上香菜，就完成了。

| 1 人份 | |
| --- | --- |
| 熱量 | 539 kcal |
| 鹽分 | 2.1 g |
| 蛋白質 | 25.7 g |
| 鈣質 | 16.5 mg |
| 維生素 D | 4.0 µg |

# 納豆義大利麵

村上 MEMO

製作納豆義大利麵不需要用到大鍋子和大量的水，
用微波爐就能輕鬆完成。不但所需的時間短，麵條
還 Q 彈又好吃，更重要的是還兼顧到營養均衡。

# ｛納豆＋鯖魚肉燥或香菇醬｝

材料（1 人份）

**納豆** …… 2 盒（70g）
義大利麵（需要煮 5 分鐘的類型）…… 70g
水 … 350ml

A **鯖魚肉燥**（作法請參考 P.48）…… 2 大匙
　 或 **香菇醬**（作法請參考 P.49）…… 3 大匙
　 紅辣椒（切碎）…… 1／5 小匙
　 料理酒 …… 1 大匙
　 橄欖油 …… 1 小匙

醬油、TABASCO 辣椒醬（依個人喜好加入）…… 適量

製作方法

**1.** 把水倒進耐熱碗中，接著放入折半的義大利麵。

**2.** 不要蓋保鮮膜，直接用微波爐（600W）加熱 8 分 30 秒（煮義大利麵 5 分鐘＋把水煮沸需要 3 分 30 秒）。取出後用筷子攪拌麵條，完成後用瀝麵簍（網）把麵瀝乾。

**3.** 擦乾耐熱碗內的水分後，把納豆和 A 充分拌勻，接著再加入 2 後繼續攪拌。完成後把義大利麵盛裝到其他容器，然後撒上胡椒和 TABASCO 辣椒醬，就完成了。

| 1 人份 | |
| --- | --- |
| 熱量 | 516 kcal |
| 鹽分 | 1.2 g |
| 蛋白質 | 24.6 g |
| 鈣質 | 147 mg |
| 維生素 D | 3.0 µg |

# 用微波爐煮義大利麵，水不用煮沸，且用量只要一半

煮 1 ～ 2 人份的義大利麵時，只要有微波爐就能輕鬆搞定。

用鍋子煮義大利麵，需要用到比麵條重十倍的水，

但若使用微波爐，則只需一半的水就夠了。

而且因為只需把麵條直接放入水中，用微波爐加熱，

所以可以省下把水煮沸的時間和步驟。

一些獨居者和高齡者都曾反應，用微波爐煮義大利麵「實在很方便」、

「大熱天時不用開瓦斯就能完成，真是太棒啦」。

## 用微波爐煮 100g 義大利麵的方式

先把需要的水倒入耐熱碗中,然後把折半的義大利麵（需要煮 5 分鐘的麵種）放入水中。折半的目的是,不讓麵條露水面。

因為煮沸的水容易噴濺,所以用微波爐加熱時,不要蓋上保鮮膜。

用微波爐加熱 10 分鐘（包裝上標示的煮麵時間＋5 分鐘）。

取出後,先把麵條整體好充分攪拌,這樣做能讓靜置後的麵條,不至於「結成一團」。
攪拌好後,就可把麵條移置麵簍（網）上,把水瀝乾。

* 煮麵水的參考量（ml）雖然為麵條的重量（g）×5,但不論實際上麵有多重,最少都要用到 350ml 的水來煮麵才行。

## 麵條的重量與對應的微波爐加熱時間

| 乾麵的種類 | 重量 | | 水量<br>（麵條的重量<br>×5） | 水煮沸的時間<br>（微波爐 600W,<br>煮沸 100ml 的水約需要 1 分鐘） |
|---|---|---|---|---|
| 義大利麵 | 1 人份 | 70g | 350ml | 3 分 30 秒 + 包裝上標示的煮麵時間 |
| | 2 人份 | 100g | 500ml | 5 分 + 包裝上標示的煮麵時間 |
| 烏龍麵 | 1 人份 | 100g | 500ml | 5 分 + 包裝上標示的煮麵時間 |
| | 2 人份 | 200g | 1,000ml | 10 分 + 包裝上標示的煮麵時間 |
| 麵線 | 1 人份 | 50g | 350ml | 3 分 30 秒 + 2 分 |
| | 2 人份 | 100g | 500ml | 5 分 + 2 分 |
| 蕎麥麵 | 1 人份 | 50g | 350ml | 3 分 30 秒 + 3 分 |
| | 2 人份 | 100g | 500ml | 5 分 + 3 分 |

我一天
吃兩顆雞蛋

水煮蛋和半熟蛋

# { 雞蛋＋鯖魚肉燥或香菇醬 }

| 1 人份 | |
|---|---|
| 熱量 | 125 kcal |
| 鹽分 | 0.4 g |
| 蛋白質 | 10.7 g |
| 鈣質 | 97 mg |
| 維生素 D | 4.0 µg |

水煮蛋和半熟蛋的數值相同。

材料（1 人份）

**雞蛋** …… 1 顆
**鯖魚肉燥**（作法請參考 P.48）…… 2 大匙
或 **香菇醬**（作法請參考 P.49）…… 3 大匙

製作方法

**1.** 用每邊長 25cm 的鋁箔紙將雞蛋包起來。

**2.** 在耐熱量杯中加入 100ml 的水（材料外），接著把 1 放進水中，然後輕輕蓋上保鮮膜。

**3.**（全熟）水煮蛋：先用微波爐（600W）加熱 2 分鐘，然後把功率轉為弱（150～200W）或解凍模式，接著繼續加熱 12 分鐘。結束後把水倒掉，等稍微降溫後去掉鋁箔紙並剝掉蛋殼。

半熟蛋：先用微波爐（600W）加熱 2 分鐘，然後把功率轉為弱（150～200W）或解凍模式，接著繼續加熱 6 分鐘。

**4.** 把雞蛋的兩端先切掉 2mm，接著對半切開，然後盛裝到容器中。再拌上鯖魚肉燥或香菇醬，就可食用了。

微波
小訣竅

水煮蛋一次可做 3 顆。先在保鮮盒（長 15.6×寬 15.6× 高 5.3cm）中裝入 300cc 的水（1顆蛋用 100ml 的水），接著用鋁箔紙把每顆雞蛋包好，然後放入水中。無須使用保鮮膜，只要把保鮮盒的蓋子斜蓋在盒上就可以了。用微波爐（600W）加熱 6 分鐘後，轉為弱（150～200W）或解凍模式，繼續加熱 12 分鐘。

# 溫泉蛋和燴溫泉蛋

村上 MEMO

用微波爐來做溫泉蛋，只需要短短 50 秒就能完成。早餐來一碗溫泉蛋拌飯，簡單又輕鬆。

| 燴溫泉蛋 | 1 人份 | 溫泉蛋 |
|---|---|---|
| 128 kcal | 熱量 | 125 kcal |
| 0.9 g | 鹽分 | 0.4 g |
| 11.1 g | 蛋白質 | 10.7 g |
| 113 mg | 鈣質 | 97 mg |
| 4.0 µg | 維生素 D | 4.0 µg |

# {雞蛋＋鯖魚肉燥或香菇醬}

材料（溫泉蛋 1 人份）

**雞蛋** …… 1 顆

A **鯖魚肉燥**
（作法請參考 P.48）…… 2 大匙
或 **香菇醬**
（作法請參考 P.49）…… 3 大匙

製作方法

**1.** 把 3 大匙的水加進咖啡杯裡（材料之外），接著把一個剛從冰箱裡拿出來的雞蛋打到咖啡杯中。這個步驟請確認，水是否有蓋過雞蛋。若水沒有蓋過雞蛋，請在杯中多加 1 大匙水。

**2.** 把咖啡杯的杯墊或小碟子蓋在咖啡杯上，用微波爐（600W）加熱 50 秒。取出後，倒掉杯中的水。

**3.** 把 2 盛裝到其他容器，配上鯖魚肉燥或香菇醬，就可以食用了。

材料（燴溫泉蛋 1 人份）

**溫泉蛋** …… 1 顆

A **鯖魚肉燥**
（作法請參考 P.48）…… 2 大匙
或 **香菇醬**
（作法請參考 P.49）…… 3 大匙
裁切過的乾燥海帶芽 …… 1 小匙
熱水 …… 75ml

山椒葉 …… 適量

製作方法

**1.** 把溫泉蛋盛裝到其他容器後，淋上混合好的 A，最後再放上山椒葉，就完成了。

溫泉蛋的製作時間，會受到當天的溫度影響，產生些微差異。為了在過程中能確保雞蛋的狀態，用小碟子蓋在咖啡杯上，會比保鮮膜方便。

# 鬆軟歐姆蛋

村上
MEMO

只要好好把握加熱時間，並在加熱後立刻用
烤盤紙來固定形狀，就能做出成功的歐姆蛋。
就算沒有用到油，僅靠乳酪裡的油脂，也可
以做出鬆軟的口感。

| 1 人份 | |
|---|---|
| 熱量 | 305 kcal |
| 鹽分 | 1.8 g |
| 蛋白質 | 22.9 g |
| 鈣質 | 284 mg |
| 維生素 D | 5.0 µg |

# {雞蛋＋鯖魚肉燥或香菇醬}

材料（1 人份）

**雞蛋** …… 2 顆

A　**鯖魚肉燥**（作法請參考 P.48）…… 2 大匙
　　或 **香菇醬**（作法請參考 P.49）…… 3 大匙
　　洋蔥（切丁）…… 1 大匙
　　披薩用乳酪絲 …… 1 小包（25g）

番茄醬 …… 1 大匙
歐芹 …… 適量

製作方法

**1.** 打一顆蛋在其他容器中，將蛋打散後加入 A 並充分拌勻。

**2.** 在耐熱碗底部鋪上每邊長 25cm 的方形烤盤紙，然後倒人 1。

**3.** 輕輕蓋上保鮮膜，然後用微波爐（600W）加熱 2 分鐘。等加熱到雞蛋開始膨脹後，就算加熱時間還沒結束，也要取出耐熱碗。接著用湯匙用力攪拌。

**4.** 從耐熱碗中取出整張烤盤紙，接著把紙捲起來，然後擰緊紙的兩端，來固定成品的形狀。

**5.** 去掉烤盤紙後，把成品移到盤子上。接著淋上番茄醬再配上歐芹，就完成了。

微波
小訣竅

因為雞蛋會膨脹，所以要讓烤盤紙略為超出耐熱碗。

從微波爐取出蛋之後，趁熱用力攪拌它。

把烤盤紙兩端擰緊，放置 2～3 分鐘後。紮實的歐姆蛋就完成了。

## 茶碗蒸

村上
MEMO

就算是料理難度較高的茶碗蒸,也能用微波
爐輕鬆搞定。蛋液在混合了鯖魚肉燥或香菇
醬後,就能做出味道清爽的茶碗蒸。

| 1 人份 | |
|---|---|
| 熱量 | 130 kcal |
| 鹽分 | 0.4 g |
| 蛋白質 | 11.4 g |
| 鈣質 | 99 mg |
| 維生素 D | 5.0 µg |

# {雞蛋＋鯖魚肉燥或香菇醬}

材料（1 人份）

**雞蛋** …… 1 顆

A **鯖魚肉燥**（作法請參考 P.48）…… 2 大匙
或 **香菇醬**（作法請參考 P.49）…… 3 大匙
水…… 100ml

醬油漬鮭魚卵 …… 1 ／ 2 大匙
山椒葉 …… 適量

製作方法

**1.** 在耐熱碗中打好蛋後加入 A，接著繼續攪拌。

**2.** 把 1 倒入製作茶碗蒸的杯子或合適的容器，接著蓋緊保鮮膜。然後將鋁箔紙 * 切成四方為 10cm 的方形，蓋在杯口上並輕輕按壓，力道為能讓鋁箔紙出現杯口邊緣的形狀。接著把鋁箔紙中間裁出一個直徑約為 4cm 的圓形。最後再把加工好的鋁箔紙蓋在保鮮膜上面（鋁箔紙也可用盛裝便當小菜的鋁箔容器取代）。

**3.** 用微波爐（600W）加熱 1 分 30 秒左右。等時間到 1 分 20 秒時，先暫停加熱，打開微波爐透過保鮮膜觀察茶碗蒸的狀態。如果茶碗蒸還水水的，就再加熱 10 秒鐘。加熱結束後立刻取出，最後加上醬油漬鮭魚卵和山椒葉，就完成了。

* 有些微波爐內部未必會塗上「放電防止劑」，為了預防用微波爐製作茶碗蒸時會產生火花，可以拿一張餐巾紙，將其對折再對折後用水沾濕，然後把它放在裝茶碗蒸的杯子上，以防萬一。

把鋁箔紙覆蓋在杯口邊緣，除了可以防止茶碗蒸過度加熱，還能讓茶碗蒸看起來美美的，不會坑坑巴巴。鋁箔紙使用便當裡用來裝小菜的鋁箔容器就可以了。

# 火腿蛋

### 村上 MEMO

不論是做雞蛋三明治還是火腿蛋，使用微波爐都能省下不少時間。事前把一整塊奶油（200g）切成 16 份保存，使用時更方便。每一小塊奶油＝1 大匙奶油（約 12g）的量。

# ｛雞蛋＋鯖魚肉燥或香菇醬｝

材料（1 人份）

**雞蛋** …… 1 顆
火腿 …… 2 片

A　**鯖魚肉燥**（作法請參考 P.48）……… 2 大匙
　│　或 **香菇醬**（作法請參考 P.49）…… 3 大匙
　│　歐芹（切碎）…… 1 小匙

製作方法

**1.** 耐熱碗中加入 6 大匙水（材料外），然後打一顆雞蛋到碗裡，接著把火腿貼在碗壁上。

**2.** 輕輕蓋上保鮮膜，用微波爐（600W）加熱 1 分 30 秒。取出後把剩下的水倒掉。

**3.** 把 2 盛裝到盤子後，配上拌好的 A，就可以佐著雞蛋一起吃了。

| 1 人份 | |
|---|---|
| 熱量 | 149 kcal |
| 鹽分 | 0.9 g |
| 蛋白質 | 13.8 g |
| 鈣質 | 99 mg |
| 維生素 D | 4.0 µg |

# 速成雞蛋三明治

村上
MEMO

不論是做雞蛋三明治還是火腿蛋,使用微波
爐都能省下不少時間。事前把一整塊奶油(
200g)切成 16 份保存,使用時更方便。每
一小塊奶油＝1 大匙奶油(約 12g)的量。

# ｛雞蛋＋鯖魚肉燥或香菇醬｝

材料（1 人份）

**雞蛋** …… 1 顆
吐司（三明治用）…… 2 片
日式美乃滋 …… 1 大匙

A　**鯖魚肉燥**（作法請參考 P.48）…… 2 大匙
　│ 或 **香菇醬**（作法請參考 P.49）…… 3 大匙
　│ 奶油 …… 1 小匙（4g）

製作方法

**1.** 把 1 大匙水加入咖啡杯中（材料外），接著打一顆蛋到杯裡，然後在蛋黃處用筷子戳 3 個洞（防止破裂）。把咖啡杯的杯墊或小碟子蓋在咖啡杯上後，用微波爐（600W）加熱 50 秒左右（過程中可能會聽到「磅～磅～」的聲音 5 次，但並不是有什麼東西爆開了）。

**2.** 取出後把剩餘的水倒掉，用叉子把雞蛋弄碎，接著加入日式美乃滋，並充分攪拌。

**3.** 把拌好的 A 抹在一片土司上，把 2 抹在另一片吐司上。將 2 片吐司合在一起後，切成好入口的大小，就完成了。

| 1 人份 | |
| --- | --- |
| 熱量 | 363 kcal |
| 鹽分 | 1.2 g |
| 蛋白質 | 14.8 g |
| 鈣質 | 113 mg |
| 維生素 D | 4.0 µg |

親子丼

村上
MEMO

若把雞肉換成豬肉或炸豆皮，則可做成「他人丼」[11]或「狐丼」[12]。除此之外還可以把雞肉更換為個人喜愛的不同高蛋白質食材。

# {雞蛋＋鯖魚肉燥或香菇醬}

材料（1 人份）

**雞蛋** …… 1 顆
雞肉（切小塊）…… 50g
洋蔥 …… 1 ／ 4 顆（50g）
鴨兒芹 ……3 根

A **鯖魚肉燥**（作法請參考 P.48）…… 2 大匙
   或 **香菇醬**（作法請參考 P.49）…… 3 大匙
   砂糖、醬油、料理酒 ……各 1 小匙

米飯（玄米飯或個人喜好種類）…… 1 碗（150g）

| 1 人份 | |
|---|---|
| 熱量 | 539 kcal |
| 鹽分 | 1.4 g |
| 蛋白質 | 25.9 g |
| 鈣質 | 128 mg |
| 維生素 D | 4.0 µg |

製作方法

**1.** 把洋蔥切成弧形（半月狀），鴨兒芹切成 3cm 長。

**2.** 先把 A 放進耐熱碗中並充分攪拌，然後加入雞肉和 1 的洋蔥。接著輕輕蓋上保鮮膜，用微波爐（600W）加熱 2 分鐘。

**3.** 取出後放入一半鴨兒芹，接著倒入打好的蛋液。然後再次蓋上保鮮膜，用微波爐（600W）加熱 1 分鐘。取出後放上另一半鴨兒芹。

**4.** 把飯盛到碗中，然後把 3 蓋到米飯上後，就完成了。

---

11 譯註：「他人丼」是一種日式蓋飯，作法是先將牛肉或豬肉和洋蔥一起用醬汁煮熟，然後蓋在米飯上，接著再淋上蛋汁就完成了。相較於製作「親子丼」使用的是雞肉和雞蛋，他人丼的食材（牛、豬肉與雞蛋）之間因沒有「關聯性」，故名「他人丼」。

12 譯註：「狐丼」是一種日式蓋飯。作法為把用醬汁煮到入味的日式炸豆皮以及蔥段蓋在米飯上，然後淋上蛋液就完成了。

# 我家的常備菜：
# 麵味露半熟蛋

蛋黃裡的膽鹼（乙醯膽鹼）是一種神經傳導物質，具有擴張血管、降低血壓，增強記憶力以及維護肝臟功能的作用。

雞蛋是日常最容易取得的蛋白質來源，我習慣一天吃兩顆蛋，如此一來，還能起到預防和改善認知症的作用。半熟蛋不只是我的早餐固定班底，也是外出時自製便當（P.22）菜色的一員。

材料（10 顆）

**雞蛋** ⋯ 10 顆
麵味露 [13] *（2 倍濃縮）⋯ 200ml

製作方法

**1.** 在鍋裡加入 1 公升的水（材料外），煮沸後加入 1 大匙醋（材料外）。把剛從冰箱裡拿出來的雞蛋，用勺子一顆顆放進鍋中，接著繼續用中火加熱 6 分鐘。然後把雞蛋放入冰水中降溫 3 分鐘，最後去殼。

**2.** 把麵味露和去了殼的雞蛋放入保存容器（容量 1 公升）中，然後在其上覆蓋一張餐巾紙，接著蓋好保存容器的蓋子後，放到冰箱裡浸泡至少 4 小時以上。

* **「麵味露」的自製方法（成品約 200ml）**
在鍋子裡加入醬油和味醂各 3 大匙、砂糖 2 小匙以及水 100ml 後煮沸。完成後放涼冷藏即可。

> ### 保存期間：冷藏約 4 ～ 5 天

半熟煮蛋是我的自製便當裡不可或缺的一員。

---

13 譯註：在日本，「麵味露」除了可作為吃蕎麥麵或烏龍麵時的沾醬，也經常用於燉煮食物。除了市販的成品外，在家自製也很容易。

# 肉類和魚貝類，
# 請挑選脂肪較少部位

**不管是牛肉、豬肉、雞肉還是絞肉，都能用冷凍保鮮袋保存。如此一來既不用怕弄丟東西，也能清楚掌握量還剩下多少。**

　　肉類、魚類和雞蛋等動物性蛋白質，是形成肌肉的重要材料。動物性蛋白質中含有較均衡的必需胺基酸，能幫助我們提升增肌效率。

　　雖然有些人會把雞肉視為肉類的首選，但若從人體「製造肌肉」的觀點來看，其實牛肉以及豬肉和雞肉之間並沒有差別。如果擔心膽固醇攝取過量的話，牛肉可以挑選「赤身肉」[14]，豬肉則可挑選里肌和大腿肉，這些部位的脂肪都比較少。或是自己動手去除多餘的脂肪。

　　吃肉除了能攝取到蛋白質，肉類中所含的維生素還能提高能量代謝率，而肉類中的礦物質能幫助人體維持機能正常運作。另外肉類和魚類中的「赤身肉」，因含有豐富的鐵，所以還能預防貧血。人如果出現貧血症狀，不但全身的血液循環會變差，連養分的輸送也會出現問題。若情況繼續惡化下去，體內的細胞會失去活力，加快老化的速度，甚至可能罹患嚴重的疾病。

　　因為不同的肉類中含有不同種類的營養，因此我建議大家不要挑食，應該均衡攝取多種不同的肉類。

---

14 譯註：所謂的赤身肉指的是脂肪含量較少、卡路里較低的肉類。牛後腿肉、牛里脊（菲力）、牛肩和牛頸肉等部位，是牛肉中著名的赤身肉。

# 這樣保存肉類，
# 就不會放到過期

處理雞肉時，先把皮撥開一半後再切肉。這麼做就能區分出會用到帶皮雞肉，與不會用到帶皮雞肉的料理了。

不知道各位讀者有沒有以下這樣的經驗，「放在冷凍庫裡的魚和肉，怎麼找也找不到」、「忘了放進冷凍庫的日期」。

接下來，我會介紹如何保存肉類，才不會放到過期：

不要弄破包覆在盛裝肉的托盤上的保鮮膜，小心取下保鮮膜後，將其攤開。接著把托盤倒過來置於保鮮膜上，然後用保鮮膜把肉包起來。這裡有一個需要注意的地方，就是記得要**把標示肉品的「標籤朝外」**。如此一來，我們就不用再寫備忘紙條，這是什麼一看就知道。

最後，請把不同種類的肉品，通通放在同一個冷凍保鮮袋來保存。如此一來，東西就不會在冰箱裡失蹤。另外，魚類的處理方式也和肉類一樣。

**1**

把包覆在托盤的保鮮膜攤開，然後把肉平放在保鮮膜上。

**2**

用保鮮膜把肉捲起來完整包好。

**3**

從靠近自己那一側開始，把肉捲起來。

標籤上有肉品的名稱、重量、日期等，管理起來超方便。只要將切薄的肉片用捲壽司的方式保存，在想吃的時候用刀子從一端切下所需的量就夠了，很省事。

# 吃豬肉能補充維生素 B1，消除疲勞！

## ｛豬肉＋鯖魚肉燥或香菇醬｝

材料（1 人份）

**薑燒豬肉用豬肉片** …… 100g

A  **鯖魚肉燥**（作法請參考 P.48）…… 2 大匙
  或 **香菇醬**（作法請參考 P.49）…… 3 大匙
  砂糖、水 …… 各 1 大匙
  醬油 …… 2 小匙
  馬鈴薯粉、薑末 …… 各 1 ／ 2 小匙

高麗菜 …… 2 大片（100g）

製作方法

**1.** 把 2 大片高麗菜撕成小塊後，放進耐熱保鮮袋中，用微波爐（600W）加熱 1 分鐘左右。

**2.** 把 A 裝到耐熱碗中並充分攪拌，接著放入豬肉。豬肉的兩面都要沾上醬汁，然後將其貼在耐熱碗的內側。

**3.** 輕輕蓋上保鮮膜，用微波爐（600W）加熱約 2 分鐘。

**4.** 把 1、3 裝盤後，就完成了。

在微波爐加熱的過程中，耐熱碗內側溫度會變得很高。若把豬肉片貼在耐熱碗內側，只需很短的時間就能煮熟豬肉片，而且肉質還很柔軟。

# 薑燒豬肉

| 1 人份 | |
| --- | --- |
| 熱量 | 268 kcal |
| 鹽分 | 1.6 g |
| 蛋白質 | 28.0 g |
| 鈣質 | 121 mg |
| 維生素 D | 3.0 μg |

**村上 MEMO**

豬肉裡豐富的維生素 B1，能讓我們不易疲憊，還能消除疲勞。生食口感不佳的高麗菜，只要經過微波爐稍微加熱，就會變得非常好入口。

# 彩椒肉絲

# ｛豬肉＋鯖魚肉燥或香菇醬｝

材料（1人份）

**薑燒豬肉用豬肉片** …… 100g
甜椒（紅、黃）…… 各 1／2 顆（各 75g）

A **鯖魚肉燥**（作法請參考 P.48）…… 2 大匙
  或 **香菇醬**（作法請參考 P.49）…… 3 大匙
  蠔油 …… 2 小匙
  馬鈴薯粉、芝麻油 …… 各 1 小匙
  紅辣椒 …… 1 根

製作方法

**1.** 把豬里肌肉切成 1cm 長。紅、黃甜椒切成 1.5cm 寬。

**2.** 把 A 放進耐熱碗中並充分攪拌,接著把 1 的豬肉放進碗中,與醬汁充分混合,然後再放入甜椒。

**3.** 輕輕蓋上保鮮膜,用微波爐（600W）加熱 5 分鐘。取出後拌勻就完成了。

| 1 人份 | |
|---|---|
| 熱量 | 287 kcal |
| 鹽分 | 1.7 g |
| 蛋白質 | 25.8 g |
| 鈣質 | 96 mg |
| 維生素 D | 3.0 µg |

村上
MEMO

甜椒的維生素含量除了比青椒豐富外,還能讓菜餚看起來更色彩繽紛。因為用微波爐做彩椒肉絲不會有油飛濺的問題,事後整理起來也省事。

# 蒸豬肉片

村上
MEMO

這道菜使用炸豬排的豬肉,料理起來比較方便。斜切
豬肉能切斷肉中的纖維,讓豬肉片更好咀嚼入口。

# {豬肉＋鯖魚肉燥或香菇醬}

材料（1 人份）

**炸豬排用豬里肌** …… 1 片（70g）

A **鯖魚肉燥**（作法請參考 P.48）…… 2 大匙
　或 **香菇醬**（作法請參考 P.49）…… 3 大匙
　納豆 …… 1 盒（35g）
　珠蔥（切成蔥花）…… 少許
　醬油 …… 1 小匙

香菜（依個人喜好加入）…… 適量

製作方法

**1.** 把豬肉放進耐熱碗中，輕輕蓋上保鮮膜，用微波爐（600W）加熱 1 分 30 秒。

**2.** 取出後為了降溫，請在碗裡加水（材料外），水位略高於肉即可。待豬肉的溫度下降後，用餐巾紙去除多餘的水分，然後斜切成薄片。

**3.** 把 2 盛裝到容器，然後搭配混合好的 A 和香菜。食用時把 A 抹在豬肉片上，捲起來享用。

| 1 人份 | |
|---|---|
| 熱量 | 265 kcal |
| 鹽分 | 1.2 g |
| 蛋白質 | 25.6 g |
| 鈣質 | 111 mg |
| 維生素 D | 3.0 µg |

微波
小訣竅

用微波爐加熱時，就算食材已經從爐中取出，但食材內部仍在加熱。把加熱過的豬肉立刻浸在水中降溫，能防止豬肉變硬。

# 牛奶燉菇菇豬

**村上 MEMO**

豬肉加牛奶的聯手組合，讓蛋白質和鈣質吃好吃滿。這道能讓人身子暖和起來的料理，不只可以在冬天吃，夏天若在冷氣房裡待太久，也可以用它來暖暖冷冰冰的身體喔。

# ｛豬肉＋鯖魚肉燥或香菇醬｝

材料（1 人份）

**豬後腿肉薄片** …… 70g
鴻喜菇 …… 1 盒（100g）

A **鯖魚肉燥**（作法請參考 P.48）…… 2 大匙
　或 **香菇醬**（作法請參考 P.49）…… 3 大匙
　馬鈴薯粉 …… 1 小匙
　鹽 …… 1 ／ 5 小匙
　胡椒 …… 少許

牛奶 …… 150ml
歐芹（切碎）…… 少許

| 1 人份 | |
| --- | --- |
| 熱量 | 304 kcal |
| 鹽分 | 1.5 g |
| 蛋白質 | 27.3 g |
| 鈣質 | 244 mg |
| 維生素 D | 4.0 μg |

製作方法

**1.** 將豬肉切成 4 ～ 5cm 長，鴻喜菇分成小株。

**2.** 把豬肉放進耐熱碗中，接著加入 A，讓醬汁與豬肉片充分混合。然後放入鴻喜菇，最後倒入牛奶。

**3.** 不用蓋保鮮膜，直接用微波爐（ 600W ）加熱 3 分鐘。取出後拌勻，接著不用蓋保鮮膜，再次放進微波爐加熱 3 分鐘。

**4.** 把 3 盛裝到容器裡，然後撒上歐芹就完成了。

微波
小訣竅

製作這道菜時，雖然容易出現結塊的問題，但其實只要事先把馬鈴薯粉塗在食材上，再放到微波爐加熱的話，就能避免了。

## 豬肉蘿蔔絲

村上
MEMO

乾蘿蔔絲裡含有豐富的膳食
纖維和鈣質。

# {豬肉＋鯖魚肉燥或香菇醬}

材料（1人份）

**豬後腿肉薄片** …… 70g
乾蘿蔔絲 …… 10g
水 …… 100ml

A　**鯖魚肉燥**（作法請參考 P.48）…… 2 大匙
　　或　**香菇醬**（作法請參考 P.49）…… 3 大匙
　　醬油、料理酒、味醂 …… 各 1 大匙

製作方法

**1.** 把豬肉切成 4cm 長。乾蘿蔔絲泡水膨脹後，把多餘的水分瀝乾，切成 3cm 長。浸泡乾蘿蔔絲的水要留下來。

**2.** 把 A 和 1 的豬肉以及乾蘿蔔絲放進耐熱碗中充分攪拌，然後加入浸泡過乾蘿蔔絲的水。輕輕蓋上保鮮膜後，用微波爐（600W）加熱 4 分鐘。

**3.** 加熱結束後去掉保鮮膜，接著用微波爐（600W）再加熱 5 分鐘，把水分煮乾。

| 1 人份 | |
|---|---|
| 熱量 | 250 kcal |
| 鹽分 | 2.0 g |
| 蛋白質 | 21.6 g |
| 鈣質 | 127 mg |
| 維生素 D | 3.0 μg |

# 糯米豬肉飯

村上 MEMO

只要有一臺微波爐，要料理
糯米也是輕而易舉。

# { 豬肉＋鯖魚肉燥或香菇醬 }

材料（1 人份）

**炸豬排用豬里肌** …… 1 片（70g）
糯米 …… 1／2 杯（75g）
**鯖魚肉燥**（作法請參考 P.48）…… 2 大匙
或 **香菇醬**（作法請參考 P.49）…… 3 大匙

A　麵味露（2 倍濃縮）…… 1／2 大匙
│　水 …… 100ml

青江菜 …… 100g

製作方法

**1.** 糯米洗好後瀝乾。

**2.** 把豬肉切成寬 1cm 後，撒上鯖魚肉燥或香菇醬。接著在青江菜根部先切一個十字，然後把青江菜切成 1cm 長。

**3.** 把 A 和 1 放進耐熱碗中後充分攪拌，接著再放入 2。輕輕蓋上保鮮膜後，用微波爐（600W）加熱 5 分鐘。

**4.** 若已加熱至沸騰且時間還沒結束，請把微波爐的功率調弱（150 ～ 200W），然後繼續加熱 12 分鐘。取出後充分攪拌，就完成了。

| 1 人份 | |
|---|---|
| 熱量 | 495 kcal |
| 鹽分 | 1.2 g |
| 蛋白質 | 25.6 g |
| 鈣質 | 180 mg |
| 維生素 D | 3.0 µg |

# 牛肉的鐵質超豐富，脂肪較少的「赤身肉」是最佳選擇

## {牛肉＋鯖魚肉燥或香菇醬}

材料（1人份）

**燒肉用牛肉**
（7〜8mm 厚）…… 90g

A **鯖魚肉燥**（作法請參考 P.48）…… 2 大匙
或 **香菇醬**（作法請參考 P.49）…… 3 大匙
日式牛肉燴飯醬（塊）*…… 2 大匙（20g）
水 …… 150ml

洋蔥 …… 1 ／ 4 個（50g）
紅蘿蔔 …… 2cm（20g）
馬鈴薯 … …小 1 ／ 3 個（30g）
歐芹（切碎）…… 少許

* 使用日式牛肉燴飯醬塊請切 20g 使用。

微波
小訣竅

| 先把水和調味料拌勻。 | 然後先放入牛肉，再放入蔬菜。讓牛肉浸泡在醬汁中。 | 輕輕蓋上保鮮膜之後，用微波爐加熱。 | 取出後去掉保鮮膜，經過充分攪拌就完成了。 |

## 燉牛肉

製作方法

**1.** 把牛肉切成寬 3cm，長 5cm 大小。洋蔥切成 1cm 厚的半月狀，紅蘿蔔切成 5mm 厚的片狀。馬鈴薯對半切。

**2.** 把 A 放入耐熱碗中後拌勻，接著放入 1 的牛肉、洋蔥、紅蘿蔔以及馬鈴薯。輕輕蓋上保鮮膜後，用微波爐（600W）加熱 9 ～ 10 分鐘。

**3.** 取出後充分攪拌，盛裝到其他容器後，撒上歐芹就完成了。

村上 MEMO

經過長時間的燉煮，不論是牛肉還是蔬菜，都變得又柔軟又入味。這道料理使用厚片或薄片牛肉都很合適。

| 1 人份 | |
| --- | --- |
| 熱量 | 372 kcal |
| 鹽分 | 2.0 g |
| 蛋白質 | 26.4 g |
| 鈣質 | 93 mg |
| 維生素 D | 3.0 µg |

# 馬鈴薯燉牛肉

村上
MEMO

不加水,才能把牛肉和蔬菜的美味濃
縮起來。製作這道菜只需短短的時間,
就能品嚐到充分入味的食材。

# { 牛肉＋鯖魚肉燥或香菇醬 }

材料（1 人份）

**牛腿肉薄片** …… 80g
洋蔥 …… 1 ／ 4 顆（50g）
紅蘿蔔 …… 2cm（20g）
馬鈴薯 …… 小顆（100g）1 顆

A　**鯖魚肉燥**（作法請參考 P.48）…… 2 大匙
　　或 **香菇醬**（作法請參考 P.49）…… 3 大匙
　　砂糖、料理酒 …… 各 1 大匙
　　醬油 …… 2 小匙

製作方法

**1.** 牛肉片切成 3 ～ 4cm 長，洋蔥切成寬 1cm 的弧形，紅蘿蔔切成 5mm 厚的半月形，馬鈴薯切成好入口的大小即可。

**2.** 把 A 放進耐熱碗中拌勻，接著加入牛肉，讓肉片和 A 充分混合，然後加入洋蔥、紅蘿蔔和馬鈴薯。

**3.** 輕輕蓋上保鮮膜，用微波爐（600W）加熱 6 分鐘。馬鈴薯須加熱至竹籤可以輕鬆穿透的程度。取出後拌勻，這道料理就完成了。

| 1 人份 | |
|---|---|
| 熱量 | 358 kcal |
| 鹽分 | 2.0 g |
| 蛋白質 | 24.6 g |
| 鈣質 | 91 mg |
| 維生素 D | 3.0 µg |

微波
小訣竅

把調味好的肉放在碗底，蔬菜置於肉上，這樣用微波爐加熱時，能讓食材受熱均勻。

# 一人壽喜燒

# ｛牛肉＋鯖魚肉燥或香菇醬｝

材料（1 人份）

**碎牛肉**[15] …… 80g
小松菜 …… 3 ～ 4 株（100g）
豆腐（充填豆腐或木棉豆腐）…… 1 ／ 3 盒（50g）

A　**鯖魚肉燥**（作法請參考 P.48）…… 2 大匙
　　或 **香菇醬**（作法請參考 P.49）…… 3 大匙
　　砂糖 …… 2 小匙
　　醬油 …… 1 小匙

雞蛋 …… 1 顆

製作方法

**1.** 把小松菜切成 3cm 長，豆腐對半切。

**2.** 將 A 放進耐熱碗後加入牛肉，然後把兩者充分混合，接著再把 1 也放進碗中。

**3.** 輕輕蓋上保鮮膜後，用微波爐（600W）加熱 5 分鐘。

**4.** 把 3 盛裝到其他容器後，在另一個小碗裡打顆雞蛋，接著就可以享用壽喜燒囉。

| 1 人份 | |
|---|---|
| 熱量 | 304 kcal |
| 鹽分 | 2.3 g |
| 蛋白質 | 27.1 g |
| 鈣質 | 315 mg |
| 維生素 D | 4.0 µg |

---

15 譯註：在日本指的把牛或豬肉的邊角料（不同部位）集合在一起來販賣的形式，相較於切自同一部位的「薄切肉片」，價格較便宜。

# 牛肉時雨煮 16 搭蔬菜沙拉

村上
MEMO

因為使用微波爐來煮熟食物只需要很短的時
間，所以能夠保留住肉的柔軟度。牛肉時雨煮
放冷藏，可以保存 2～3 天。

# { 牛肉＋鯖魚肉燥或香菇醬 }

材料（1 人份）

**牛腿肉薄片** …… 90g
洋蔥 …… 1 ／ 6 ～ 1 ／ 5 顆（30g）
貝割菜[17] …… 1 盒（40g）

A **鯖魚肉燥**（作法請參考 P.48）…… 2 大匙
　或 **香菇醬**（作法請參考 P.49）…… 3 大匙
　料理酒 …… 1 大匙
　砂糖、醬油 …… 各 2 小匙

B 醋、橄欖油 …… 各 2 小匙

粗粒黑胡椒 …… 適量

| 1 人份 | |
| --- | --- |
| 熱量 | 363 kcal |
| 鹽分 | 2.0 g |
| 蛋白質 | 25.9 g |
| 鈣質 | 120 mg |
| 維生素 D | 3.0 μg |

製作方法

**1.** 先將牛肉切成 3 ～ 4cm 長，洋蔥切絲，貝割菜對半切成兩段。

**2.** 把 A 放進耐熱碗後攪拌，接著加入牛肉，然後把肉弄散，使其與 A 充分混合。輕輕蓋上保鮮膜，用微波爐（600W）加熱 2 分鐘。

**3.** 耐熱碗中再加入 1 的蔬菜和 B 後攪拌。所有食物裝盤後，撒上粗粒黑胡椒就完成了。

---

16 譯註：時雨煮是一種烹調時，加入生姜這味食材的「佃煮」（佃煮是日本家常的一種烹調方式，作法為用醬油和味醂來熬煮小魚、貝類和海藻等食材）。

17 譯註：日語中的「貝割菜」指的是白蘿蔔的種子在剛發芽時，長出兩片嫩葉的狀態。在日本的超市中，貝割菜通常以盒裝的方式販賣，類似苜蓿芽或綠豆芽的包裝。

# 絞肉不但能豐富菜色，好料理又美味

## ｛牛絞肉＋鯖魚肉燥或香菇醬｝

材料（1 人份）

**牛赤身絞肉** …… 80g
洋蔥 …… 1／4 顆（50g）

A **鯖魚肉燥**（作法請參考 P.48）…… 2 大匙
　或 **香菇醬**（作法請參考 P.49）…… 3 大匙
　麵包粉 …… 2 大匙
　鹽、胡椒 …… 皆少許

B　伍斯特醬、番茄醬
　…… 各 1 大匙
　馬鈴薯粉 … 1／2 小匙
　水 …… 3 大匙

歐芹（切碎）、萵苣 …… 皆適量

製作方法

**1.** 把洋蔥切碎。

**2.** 把 A 放進碗中後攪拌，接著把絞肉和洋蔥也加到碗中，使其充分入味。用沾了少許沙拉油（材料外）的手，把食材捏成漢堡排的形狀。

**3.** 把 B 放進耐熱碗中後攪拌，接著放入 2，然後用湯匙舀起醬汁淋在漢堡排上。輕輕蓋上保鮮膜，用微波爐（600W）加熱 2 分 30 秒。

**4.** 把 3 盛裝到其他容器裡，撒上歐芹、搭配萵苣後，就完成了。

# 漢堡排

村上
MEMO

很多人覺得做漢堡排很費時，但只要有一臺微波爐，其實根本不需要 3 分鐘。使用赤身肉的牛絞肉，還能攝取到滿滿的鐵質。

微波
小訣竅

因為用微波爐加熱時，有鹽分的地方較容易受熱，因此藉由把調味料淋在漢堡排上，可以讓受熱更均勻。

| 1 人份 | |
|---|---|
| 熱量 | 288 kcal |
| 鹽分 | 2.4 g |
| 蛋白質 | 23.7 g |
| 鈣質 | 100 mg |
| 維生素 D | 3.0 µg |

# 雞肉丸子

村上 MEMO

雞胸絞肉的口感清爽，搭配鯖魚肉燥或香菇醬後，能進一步提升風味。烤海苔中豐富的葉酸，具有預防貧血和認知症的效果。

# ｛雞絞肉＋鯖魚肉燥或香菇醬｝

**材料（1 人份）**

**雞胸絞肉** ⋯⋯ 80g

A　**鯖魚肉燥**（作法請參考 P.48）⋯⋯ 2 大匙
　│　或 **香菇醬**（作法請參考 P.49）⋯⋯ 3 大匙
　│　馬鈴薯粉 ⋯⋯ 1 ／ 2 小匙
烤海苔（8 片裝）⋯⋯ 2 片

B　砂糖、醬油 ⋯⋯ 各 1 小匙

白芝麻 ⋯⋯ 少許

**製作方法**

**1.** 將烤海苔對半切。

**2.** 把絞肉和 A 充分混合後分成 2 等分，然後將其揉成 2 個 1cm 厚的丸子，接著在丸子兩面貼上烤海苔。

**3.** 把 2 放進耐熱碗中，輕輕蓋上保鮮膜後，用微波爐（600W）加熱 1 分 30 秒。取出後淋上已經拌好的 B。

**4.** 把 3 盛裝到其他容器後，撒上芝麻就完成了。

| 1 人份 | |
| --- | --- |
| 熱量 | 170 kcal |
| 鹽分 | 1.2 g |
| 蛋白質 | 24.7 g |
| 鈣質 | 78 mg |
| 維生素 D | 3.0 µg |

# 肉末咖哩

**村上 MEMO**

口感清爽的雞胸絞肉，很適合在沒有胃口的時候享用。這兩道料理也可用豬、牛混合絞肉或豬絞肉來取代雞肉，創造更多元的口感。

# {雞絞肉＋鯖魚肉燥或香菇醬}

材料（1 人份）

**雞胸絞肉** ⋯⋯ 80g
洋蔥 ⋯⋯ 1 ／ 2 顆 （100g）

A **鯖魚肉燥** （作法請參考 P.48） ⋯⋯ 2 大匙
  或 **香菇醬** （作法請參考 P.49） ⋯⋯ 3 大匙
  咖哩粉（塊）* ⋯⋯ 2 大匙 （20g）

水 ⋯ 120ml
米飯（玄米飯或個人喜好種類）⋯⋯ 1 碗 （150g）
歐芹（切碎）⋯⋯ 適量

* 咖哩塊請切 20g 來使用。

製作方法

**1.** 把洋蔥切碎。

**2.** 先把絞肉和洋蔥放進耐熱碗中，接著把 A 也放入碗中後充分攪拌，然後加水。輕輕蓋上保鮮膜後，用微波爐（600W）加熱 6 分鐘。

**3.** 把米飯裝到容器後，淋上 2 再撒上歐芹，就完成了。

| 1 人份 | |
|---|---|
| 熱量 | 521 kcal |
| 鹽分 | 2.4 g |
| 蛋白質 | 28.1 g |
| 鈣質 | 125 mg |
| 維生素 D | 3.0 µg |

# 萵苣炒雞肉

**村上 MEMO**

口感清爽的雞胸絞肉，適合在沒有食慾時享用。肉末咖哩和萵苣炒雞肉這兩道料理，也可用豬、牛混合絞肉或豬絞肉來取代雞肉，創造更多元的口感。

# ｛雞絞肉＋鯖魚肉燥或香菇醬｝

材料（1 人份）

**雞胸絞肉** ⋯⋯ 80g
萵苣 ⋯⋯ 1／2 顆（100g）

A **鯖魚肉燥**（作法請參考 P.48）⋯⋯ 2 大匙
或 **香菇醬**（作法請參考 P.49）⋯⋯ 3 大匙
砂糖 ⋯⋯ 1 大匙
味噌 ⋯⋯ 2 小匙
馬鈴薯粉、芝麻油 ⋯⋯ 各 1 小匙
豆瓣醬 ⋯⋯ 1／2 小匙
水 ⋯⋯ 2 大匙

珠蔥（切成蔥花）⋯⋯ 適量

製作方法

**1.** 將萵苣葉撕成約一口的大小。把 A 放進耐熱碗中後攪拌，接著把雞胸絞肉也放進碗中，然後使兩者充分混合。輕輕蓋上保鮮膜後，用微波爐（600W）加熱 4 分鐘。

**2.** 取出後把萵苣葉放入耐熱碗中，並將其與 1 充分拌勻。盛裝到盤子後再撒上蔥花，就完成了。

| 1 人份 | |
| --- | --- |
| 熱量 | 256 kcal |
| 鹽分 | 1.8 g |
| 蛋白質 | 23.7 g |
| 鈣質 | 106 mg |
| 維生素 D | 3.0 µg |

# 魚油能改善高血壓、血脂異常

## ｛旗魚＋鯖魚肉燥或香菇醬｝

材料（1 人份）

**旗魚** …… 1 片（70g）
綠花椰菜 …… 1 ／ 2 顆（100g）

A **鯖魚肉燥**（作法請參考 P.48）…… 2 大匙
  或 **香菇醬**（作法請參考 P.49）…… 3 大匙
  砂糖、醬油、料理酒 …… 各 2 小匙
  辣油 …… 1 小匙

製作方法

**1.** 將綠花椰菜切成小朵。

**2.** 把 A 放進耐熱碗中後攪拌，接著放入旗魚片，使其與 A 充分混合，然後再放入 1。

**3.** 輕輕蓋上保鮮膜後，用微波爐（600W）加熱 3 分鐘。取出後，把旗魚片和綠花椰菜裝盤，再淋上碗中的醬汁，就完成了。

# 辣煮旗魚排

村上
MEMO

魚貝類中所含的不飽和脂肪酸 DHA
和 EPA，能促進血液循環以及降低
中性脂肪。
旗魚排有肉類的口感，做成辣味令
人食指大動。

| 1 人份 | |
|---|---|
| 熱量 | 243 kcal |
| 鹽分 | 2.1 g |
| 蛋白質 | 25.9 g |
| 鈣質 | 116 mg |
| 維生素 D | 11.0 µg |

## 鯛魚漬菜蒸

村上
MEMO

鯛魚中含有 DHA、EPA、蝦紅素（抗氧化物質）、牛磺酸（具有降低膽固醇的作用）和維生素 B 群，是相當優秀的食材。

# { 鯛魚＋鯖魚肉燥或香菇醬 }

材料（1 人份）

**鯛魚三枚切** [18] …… 1 片（70g）
鹽、胡椒 …… 少許

A 酸菜或醃野澤菜 [19] …… 30g
  **鯖魚肉燥**（作法請參考 P.48）…… 2 大匙
  或 **香菇醬**（作法請參考 P.49）…… 3 大匙
  芝麻油 …… 1 小匙
  純辣椒粉（一味唐辛子）…… 少許

料理酒 …… 1 大匙

| 1 人份 | |
| --- | --- |
| 熱量 | 211 kcal |
| 鹽分 | 2.2 g |
| 蛋白質 | 19.8 g |
| 鈣質 | 124 mg |
| 維生素 D | 7.0 µg |

製作方法

**1.** 為了預防鯛魚在微波時破裂，請於加熱之前，先用料理剪刀在魚皮上劃幾道，然後在魚肉撒上鹽和胡椒。

**2.** 把 A 放進耐熱碗後攪拌，接著把 1 也放進碗中然後淋上酒。輕輕蓋上保鮮膜。

**3.** 用微波爐（600W）加熱 2 分鐘。取出後把鯛魚盛裝到其他容器，接著把碗中剩餘的湯汁攪拌一下後淋在鯛魚上，就完成了。

---

18 譯註：是日本切魚的一種基本刀法，中文也譯成「三枚切 （法）」。作法為把魚頭切除並去掉內臟後，把魚身切成右身、左身和中骨三個部分。
19 譯註：野澤醃菜為日本三大醃菜之一，用野澤菜 （十字花科） 所製成。

# 乾燒蝦仁

**村上 MEMO**

蝦子可以趁價格便宜時多買一些，儲存在冷凍庫裡備用。蝦子體內的蝦紅素具有抗氧化作用，對肌膚的抗老有一定的效果。

# ｛蝦子＋鯖魚肉燥或香菇醬｝

材料（1人份）

**蝦子** …… 8 隻（去殼後 80g）
長蔥 …… 10cm（20g）
黃瓜 …… 1／2 根（50g）

A　番茄醬 …… 3 大匙
　　**鯖魚肉燥**（作法請參考 P.48）…… 2 大匙
　　**或 香菇醬**（作法請參考 P.49）…… 3 大匙
　　料理酒 …… 1 大匙
　　芝麻油 …… 1 小匙
　　馬鈴薯粉 …… 1／2 小匙
　　豆瓣醬或辣油 …… 1／4 小匙

製作方法

**1.** 先用料理剪刀切開蝦殼，去除蝦腸。接著斜切蝦尾，然後剪去蝦腳。斜切長蔥（斷面為 1cm），黃瓜隨意切塊。

**2.** 把 A 放進耐熱碗中後攪拌，接著放入 1 的蝦子，使其與醬汁充分混合，然後加入長蔥。輕輕蓋上保鮮膜後，用微波爐（600W）加熱 3 分鐘。

**3.** 把 2 盛裝到其他容器後，加上 1 的黃瓜，就完成了。

| 1 人份 | |
| --- | --- |
| 熱量 | 251 kcal |
| 鹽分 | 2.3 g |
| 蛋白質 | 23.5 g |
| 鈣質 | 126 mg |
| 維生素 D | 3.0 μg |

## 豔煮 [20] 魷魚

村上
MEMO

魷魚是低脂肪、高蛋白的食材。魷魚中豐富的
牛磺酸，除了能降低膽固醇，還可以消除疲勞。

# ｛魷魚＋鯖魚肉燥或香菇醬｝

材料（1 人份）

**魷魚** …… 100g

A **鯖魚肉燥**（作法請參考 P.48）…… 2 大匙
│ 或 **香菇醬**（作法請參考 P.49）…… 3 大匙
│ 砂糖、醬油 …… 各 2 小匙

B 馬鈴薯粉 …… 1／2 小匙
│ 水 …… 1 小匙

酢橘（切片）…… 1 片

| 1 人份 | |
|---|---|
| 熱量 | 194 kcal |
| 鹽分 | 2.4 g |
| 蛋白質 | 23.3 g |
| 鈣質 | 85 mg |
| 維生素 D | 3.0 µg |

製作方法

**1.** 魷魚的身體部分切成約 1cm 寬的圈狀。魷魚腳先以 2 ～ 3 根為一個單位切開，然後再切成每段為 5 ～ 6cm 長。

**2.** 把 A 放進耐熱碗中後攪拌，接著放入 1 並充分混合。輕輕蓋上保鮮膜後，用微波爐（600W）加熱 2 分鐘。

**3.** 取出後把攪拌好的 B 倒入耐熱碗中，利用餘熱來勾芡，並使其與其他食材充分混合。

**4.** 把 3 移至其他容器後，淋上一點酢橘汁並配上一片酢橘，就完成了。

微波
小訣竅

把水溶性的馬鈴薯粉加到剛微波結束還熱騰騰的醬汁裡，可以利用醬汁的餘熱來勾芡。

---

20 譯註：醬煮指的是為了讓食物看起來更有光澤，在烹煮時，加入味醂或砂糖等調味料的日式料理方式。

# 蒲燒鰻魚飯

**村上 MEMO**

鰻魚裡含有豐富的蛋白質以及維生素 E、D。
與礦物質多的山茼蒿一起做成蓋飯來吃,營
養最均衡。

材料（1 人份）

米飯（玄米飯或個人喜好種類）⋯⋯ 1 碗（150g）
**蒲燒鰻**（市販品）⋯⋯ 1 份（80g）
蒲燒鰻魚醬汁（隨鰻魚一起附的）⋯⋯ 1 人份
山茼蒿 ⋯⋯ 3 ～ 4 株（100g）
山椒粉（依個人喜好加入）⋯⋯ 適量

製作方法

**1.** 首先把山茼蒿放進耐熱保鮮袋裡，不要封口直接把保鮮袋放在耐熱碗中。不要蓋上保鮮膜，直接用微波爐（600W）加熱 1 分 30 秒。取出後先去除多餘的水分，接著把山茼蒿切成 3cm 長。

**2.** 把鰻魚切成一口大小的塊狀後，將鰻魚塊整齊的放到耐熱碗中，接著淋上醬汁。輕輕蓋上保鮮膜後，用微波爐（600W）加熱 40 秒。

**3.** 將米飯盛到碗中，接著蓋上 1、2，最後依個人喜好撒上山椒粉，就完成了。

| 1 人份 | |
|---|---|
| 熱量 | 508 kcal |
| 鹽分 | 1.2 g |
| 蛋白質 | 24.5 g |
| 鈣質 | 245 mg |
| 維生素 D | 15.0 μg |

# 味噌烤鮭魚

村上 MEMO

鮭魚中不但含有優質的蛋白質、維生素 D 和
維生素 B 群以及蝦紅素，還是 DHA 和 EPA
的重要供給源，因此非常適合高齡者食用。

材料（1 人份）

**薄鹽鮭魚切片** …… 1 片（100g）

A 鯖魚砂糖、味噌 …… 各 2 小匙
　　料理酒 …… 1 小匙

沙拉油 …… 少許
青紫蘇 …… 1 片
白蘿蔔泥 …… 50g

| 1 人份 | |
|---|---|
| 熱量 | 193 kcal |
| 鹽分 | 1.5 g |
| 蛋白質 | 24.1 g |
| 鈣質 | 40 mg |
| 維生素 D | 32.0 µg |

製作方法

**1.** 把攪拌好的 A 倒一半在邊長 20cm 的方形保鮮膜中央，接著放上鮭魚片，然後把另一半 A 淋在鮭魚上。接下來用保鮮膜包好，靜置 10 分鐘。

**2.** 打開保鮮膜。為防止微波時發生爆裂，請用料理剪刀在魚皮上劃幾刀。然後用餐巾紙把魚肉上的 A 擦掉。

**3.** 把 2 放到邊長 20cm 的方形烤盤紙中央，在魚肉和魚皮塗上沙拉油。提起烤盤紙靠近身體一側與其對邊的一角後，於中央的位置擰個結。接著把另外兩個角分別擰個結，讓烤盤紙的形狀像一艘小船。

**4.** 把 3 放進耐熱碗中，不要蓋保鮮膜，直接用微波爐（600W）加熱 2 分鐘。取出後拿掉烤盤紙，把鮭魚盛放到其他容器。最後撒上青紫蘇和白蘿蔔泥，就完成了。

微波
小訣竅

為了在微波過程中不讓魚肉破裂，請在魚皮上劃幾刀。

在魚肉和魚皮上塗一層薄薄的沙拉油後，透過微波加熱，也能使魚肉呈現出恰到好處的燒烤色。

把烤盤紙如圖中擰結，做出像一艘小船的形狀。這麼做能讓水蒸氣有散出去的通道，不會讓鮭魚水水的。

# 碳水化合物是製造肌肉的重要物質

　　大家要知道，碳水化合物（醣）是幫助我們製造肌肉的重要營養素。人類不論是醒著還是睡覺，時時刻刻都在消耗熱量，而熱量的源頭正是碳水化合物（醣）。我們藉由吃東西所攝取到的醣，在經過分解後會儲存在肌肉和肝臟裡。之後為因應不同的需求，身體會再把醣拿出來作為能量源使用。

　　然而儲存於人體內的醣，因為在人們睡覺的過程中幾乎已經被消耗完了，所以早上起床後若在沒有吃早餐，處在醣不足的情況下開始一天的活動，腦部就會發出分解儲存在體內的蛋白質，來作為供給熱量的指令。

　　如此一來，原本是要用於製造肌肉的蛋白質就被用掉了，結果就是阻礙肌肉生成。因此，為了有效率的增加肌肉量，我們應該要攝取適量的蛋白質，以此作為維持肌肉量以及為生成新的肌肉所做的儲備。而為了把體內的蛋白質用在真正重要的地方，我們要做的就是好好攝取碳水化合物（醣）。

　　不過需要注意的是，如果一口氣攝取了過量的碳水化合物（醣），不但血糖值會飆高，還有可能傷害到血管，或成為罹患糖尿病的原因之一。因此我比較建議藉由一日三餐的主食，來分段攝取醣類。

## 一餐大概的分量

主食是攝取碳水化合物的重要來源。
一天三餐的主食，對於增肌也很重要。

**發芽玄米飯**
1 碗（150g）

**便利商店的飯糰**
1＋1／2 個（150g）

**吐司**
1 片（60g）

**法國麵包**
90g

**圓麵包**
3 個（90g）

**烏龍麵**
1 球（240g）

**黃麵**
1 球（120g）

**蕎麥麵**
1 球（190g）

**義大利麵**
170g

# 只煮 1 杯米的時候，微波爐最方便

發現飯忘了煮的時候怎麼辦？沒關係，還有微波爐！不論是煮發芽玄米飯或白米飯，用微波爐來煮飯因為不用事先浸米，所以可以省下許多時間。

## 發芽玄米飯的煮法

材料（2 人份）

發芽玄米…1 杯（150g）
水…1.3 杯（260ml）

為了不讓熱水噴濺出來，請在耐熱碗兩邊各留 5mm 的空間。

**1**

洗好米後，去掉多餘的水分。接著把米和水放進耐熱碗（直徑 22cm）中。蓋上保鮮膜時，請於碗的兩端各留 5mm 的空間。

**2** 用微波爐（600W）加熱 5 ～ 6 分鐘。只要看到碗內的水沸騰了，就算設定的時間還沒結束，請把微波爐調弱（150 ～ 200W）或轉為解凍模式，繼續加熱 12 分鐘。等時間結束後，接著用 600W 加熱 1 分鐘。

**3**

取出後去掉保鮮膜。因為蒸氣非常燙，去除保鮮膜時，請使用料理剪刀。

**4**

接著蓋上新的保鮮膜（不留空間），悶 10 分鐘（靠耐熱碗底部的水來悶飯）。

**5**

去掉保鮮膜後翻攪米飯。

**6**

完成囉！

\* 如果是煮白米飯的話，步驟 1 ～ 3 是相同的，差別只有不用加入悶的時間。煮好後把白米飯攪拌好就完成了。

\* 把米飯依 150g 分裝到耐熱容器後蓋上蓋子，可以放進冷凍庫保存。冷凍的米飯無須解凍，用微波爐（600W）加熱 3 分鐘後即可享用。

# PART 2

## 腸道舒暢 &
## 強化免疫力的副食

雖然免疫力會隨著年齡增長而
逐漸低下，但藉由增肌調味料，
就可攝取到能調整腸內環境的
膳食纖維，以此增強免疫力。
只要能活化腸道蠕動，就能順
利排出體內不需要的廢棄物，
能預防以及改善便祕。

村上
## 方程式 ③

# 打造元氣腸道
# 的副食 ＝

蔬菜

根莖類

海藻

＋

膳食纖維

一個成人每天需要攝取的膳食纖維量為 18 ～ 20g。目前已知，只要每天能吃 350g 的蔬菜，就能完整攝取維持健康生活所不可或缺的維生素、礦物質和膳食纖維。大蒜洋蔥醬、醋泡洋蔥和醋泡高麗菜絲這三種增肌調味料，都富含能改善腸內環境的成分，搭配蔬菜一起食用，更能加倍照顧自己的腸道。

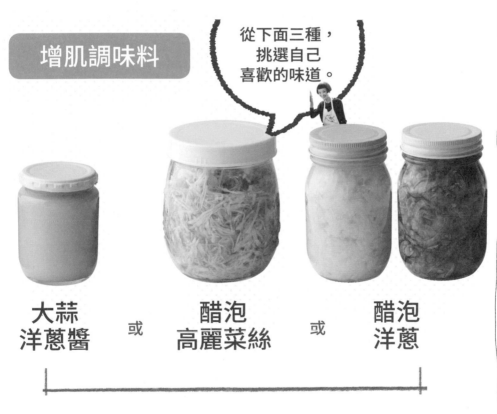

**增肌調味料**

從下面三種，
挑選自己
喜歡的味道。

大蒜
洋蔥醬　　或　　醋泡
高麗菜絲　　或　　醋泡
洋蔥

✔ 調味料裡的寡糖是腸內益生菌的食物。
✔ 醋是發酵食品，對腸道健康有益。
✔ 醋酸是醋的主要成分，
　它能提高腸內的酸性度⇨增加益生菌活動力。
✔ 高麗菜具有保護胃黏膜的成分。

# 燙菠菜

# { 菠菜＋大蒜洋蔥醬 }

**材料（1 人份）**

<u>菠菜</u> …… 3 株（100g）

A　**大蒜洋蔥醬**（作法請參考 P.31）…… 1 小匙
│　醬油 …… 1 ／ 2 小匙

鰹魚片 …… 1 小包（2.5 ～ 3g）
* 菠菜也可換成小松菜、山茼蒿或甘藍等蔬菜。

| 1 人份 | |
|---|---|
| 熱量 | 55 kcal |
| 鹽分 | 0.5 g |
| 蛋白質 | 7.7 g |
| 鈣質 | 53 mg |
| 維生素 D | 0 µg |
| 膳食纖維 | 2.8 g |

**製作方法**

**1.** 把菠菜放入耐熱保鮮袋中，不要封口直接放進耐熱碗中，然後在不蓋保鮮膜的情況下，用微波爐（600W）加熱 2 分鐘。取出後去除水分，切成 2cm 長。葉子因為較寬，請切成 1cm 大小。

**2.** 把 A 放進耐熱碗中後攪拌，接著加入 1，最後加入鰹魚片並充分拌勻，就完成了。

**綠色蔬菜的營養成分**

綠色葉菜、苦瓜以及韭菜等綠色蔬菜中，都含有「葉綠素」。而因為蔬菜中同時也含有「鎂」，所以吃蔬菜可以起到控制體內鈣質濃度的作用。

除此之外還能促進血液循環，改善瘀血的症狀，預防血栓和動脈硬化。另外，吃綠色蔬菜還有助於產生 300 種以上，維持身體健康所不可或缺的「酶促反應[21]」。

21 譯註：enzyme catalysis，又稱酶催化，是被稱為酶的特殊蛋白質所催化的化學反應。

## 醋泡洋蔥拌小松菜

# { 小松菜＋醋泡洋蔥 }

材料（1 人份）

**小松菜** …… 3 ～ 4 株（100g）

A　**醋泡洋蔥**（作法請參考 P.33）、水 …… 各 1 大匙
　│　醬油 …… 1 小匙

製作方法

**1.** 把小松菜切成 3cm 長。

**2.** 先將 A 放進耐熱碗後，再加入 1。

**3.** 輕輕蓋上保鮮膜後，用微波爐（600W）加熱 1 分 30 秒。取出後充分拌勻，就完成了。

| 1 人份 | |
|---|---|
| 熱量 | 26 kcal |
| 鹽分 | 1.0 g |
| 蛋白質 | 2.0 g |
| 鈣質 | 172 mg |
| 維生素 D | 0 µg |
| 膳食纖維 | 2.0 g |

## 苦瓜拌白芝麻

# ｛苦瓜＋醋泡高麗菜絲｝

材料（1 人份）

**苦瓜** …… 1 ／ 2 條（100g）
**醋泡高麗菜絲**（作法請參考 P.32）…… 1 大匙

A　白芝麻 …… 1 大匙
│　砂糖、醬油 …… 各 1 小匙

製作方法

**1.** 將苦瓜切成寬 3mm 厚的薄片。

**2.** 把 1 放進耐熱碗中，輕輕蓋上保鮮膜後，用微波爐（600W）加熱 1 分 30 秒。取出後先去除水分，然後把苦瓜放到瀝水盤（籃）中瀝乾。

**3.** 接著把 2 放進耐熱碗中，然後加入醋泡高麗菜絲，使兩者充分混合，最後再加入 A 就完成了。

| 1 人份 | |
|---|---|
| 熱量 | 76 kcal |
| 鹽分 | 1.0 g |
| 蛋白質 | 2.8 g |
| 鈣質 | 92 mg |
| 維生素 D | 0 μg |
| 膳食纖維 | 3.6 g |

# 綠花椰香鬆沙拉

# ｛綠花椰菜＋大蒜洋蔥醬｝

材料（1 人份）

**綠花椰菜** …… 1 ／ 2 顆（100g）

A **大蒜洋蔥醬**（作法請參考 P.31）、
　醋或白酒醋、沙拉油或橄欖油…各 1 小匙
　胡椒 …… 少許

香鬆（口味依個人喜好選擇＊）…… 1 大匙
＊ 本書中使用的是梅子昆布口味。

| 1 人份 | |
|---|---|
| 熱量 | 92 kcal |
| 鹽分 | 0.5 g |
| 蛋白質 | 0.7 g |
| 鈣質 | 69 mg |
| 維生素 D | 1.0 µg |
| 膳食纖維 | 4.4 g |

製作方法

**1.** 把綠花椰菜切成小朵，將其放進耐熱碗中，然後在淋上一大匙水（材料外）後，輕輕蓋上保鮮膜。

**2.** 用微波爐（600W）加熱 2 分鐘，取出後先去除水分，然後把綠花椰菜放到瀝水盤（籃）中瀝乾。

**3.** 把 A 和 2 放進碗中並充分拌勻，盛裝到其他容器後撒上香鬆，就完成了。

**綠花椰菜的營養成分**

十字花科的蔬菜中特有的「異硫氰酸酯」，可以預防癌症和老化。綠花椰菜裡的維生素 C 含量是菠菜的 4 倍，吃了能提高人體對抗病毒的效果。此外，綠花椰菜還具有豐富的維生素 B1，可幫助消除疲勞。

## 煸炒綠花椰拌高麗菜絲

# {綠花椰菜＋醋泡高麗菜絲}

材料（1 人份）

**綠花椰菜** ……1／2 顆（100g）

A **醋泡高麗菜絲**（作法請參考 P.32）……2 大匙
　芝麻油 ……1 小匙
　鹽、胡椒 ……皆少許

製作方法

**1.** 將綠花椰菜切成小朵。

**2.** 先把 A 放進耐熱碗中，然後放入 1，接著將兩者拌勻。

**3.** 輕輕蓋上保鮮膜後，用微波爐（600W）加熱 2 分鐘。
取出後再拌勻一次，就完成了。

| 1 人份 | |
| --- | --- |
| 熱量 | 84 kcal |
| 鹽分 | 1.3 g |
| 蛋白質 | 4.5 g |
| 鈣質 | 45 mg |
| 維生素 D | 0 µg |
| 膳食纖維 | 4.7 g |

# 辣味綠花椰菜

# ｛綠花椰菜＋大蒜洋蔥醬｝

材料（1 人份）

**綠花椰菜** ⋯⋯ 1／2 顆（100g）

A **大蒜洋蔥醬**（作法請參考 P.31）⋯⋯ 1 小匙
│ 醬油、辣油 ⋯⋯ 各 1 小匙

粗粒黑胡椒 ⋯⋯ 少許

製作方法

**1.** 將綠花椰菜切成小朵後放進耐熱碗中，然後淋上 1 大匙水（材料外）。

**2.** 輕輕蓋上保鮮膜後，用微波爐（600W）加熱 2 分鐘。取出後把水去掉，然後把綠花椰菜放在瀝水盤（籃）中瀝乾。

**3.** 把 A 和 2 放進耐熱碗中後充分拌勻，完成後裝盤，接著撒上粗粒黑胡椒，就完成了。

| 1 人份 | |
| --- | --- |
| 熱量 | 82 kcal |
| 鹽分 | 1.0 g |
| 蛋白質 | 4.8 g |
| 鈣質 | 40 mg |
| 維生素 D | 0 µg |
| 膳食纖維 | 4.5 g |

## 馬鈴薯沙拉

# { 馬鈴薯＋醋泡洋蔥 }

| 1 人份 | |
|---|---|
| 熱量 | 239 kcal |
| 鹽分 | 0.6 g |
| 蛋白質 | 2.9 g |
| 鈣質 | 14 mg |
| 維生素 D | 0 μg |
| 膳食纖維 | 2.9 g |

材料（1 人份）

**馬鈴薯** …… 1 顆（150g）
紅蘿蔔 …… 2cm（20g）
**醋泡洋蔥**（作法請參考 P.33）…… 2 大匙
日式美乃滋 …… 1 大匙

製作方法

**1.** 把紅蘿蔔切成細絲，然後將其與醋泡洋蔥混合。

**2.** 用叉子在馬鈴薯上戳幾個洞，然後將其放到耐熱保鮮袋中。保鮮袋不用密封，直接用微波爐（600W）加熱 3 分鐘。等到用竹籤就能輕易插入馬鈴薯的程度，加熱就算完成了。取出後將馬鈴薯對半切，去皮後用叉子把馬鈴薯弄碎。

**3.** 把馬鈴薯和 1 以及日式美乃滋一起拌勻後，就完成了。

### 根莖類的營養成分

根莖類的主要成分雖是碳水化合物，但其膳食纖維的含量也相當豐富。除此之外，根莖類裡的維生素 C，還具有加熱後不容易流失的特性。且拿同為 100g 的根莖類來與蘋果相比，前者的維生素 C 含量為 28mg，而後者只有 6mg。一個成人一天中建議至少要攝取 50g 的根莖類。

* 南瓜雖然屬於黃綠色蔬菜，但因為可以用料理根莖類的方式來烹調，所以放在根莖類的部分介紹。

# 甘煮南瓜

# ｛南瓜＋醋泡洋蔥｝

材料（1 人份）

**南瓜** …… 1／6 顆（100g）
**醋泡洋蔥**（作法請參考 P.33）、砂糖 …… 各 1 大匙

製作方法

**1.** 先將南瓜切成 3 等分。把南瓜放進耐熱碗時，請把皮的那一面朝下。
接著撒上砂糖，然後加入醋泡洋蔥。

**2.** 輕輕蓋上保鮮膜後，用微波爐（600W）加熱 2 分鐘。

**3.** 取出後，趁著還很燙時把南瓜翻過來，不用蓋保鮮膜靜置 1 ～ 2 分鐘
後，顏色會更好看。

| 1 人份 | |
|---|---|
| 熱量 | 134 kcal |
| 鹽分 | 0.1 g |
| 蛋白質 | 1.9 g |
| 鈣質 | 15 mg |
| 維生素 D | 0 µg |
| 膳食纖維 | 3.6 g |

# 番薯優格沙拉

# ｛地瓜＋醋泡高麗菜絲｝

材料（1 人份）

<u>地瓜</u> …… 3cm （100g）

A　**醋泡高麗菜絲**（作法請參考 P.32）、
｜　原味優格（無糖）…… 各 1 大匙

製作方法

**1.** 先把帶皮地瓜切成厚度為 1cm 的 1 ／ 4 圓片狀。然後把地瓜浸泡在水中 2 ～ 3 分鐘，接著將其放在瀝水盤（籃）中瀝乾。

**2.** 把 1 放進耐熱保鮮袋裡，不要封口直接放進耐熱碗中，用微波爐（600W）加熱 2 分鐘。

**3.** 取出後加入 A 與地瓜充分拌勻，就完成了。

| 1 人份 | |
|---|---|
| 熱量 | 150 kcal |
| 鹽分 | 0.1 g |
| 蛋白質 | 1.8 g |
| 鈣質 | 58 mg |
| 維生素 D | 0 μg |
| 膳食纖維 | 2.4 g |

# 山藥沙拉

# ｛山藥＋醋泡洋蔥｝

材料（1 人份）

**山藥**或**日本薯蕷** …… 50g
鴨兒芹 …… 1 根

A　乾蝦、橄欖油 …… 各 1 小匙

B　**醋泡洋蔥**（作法請參考 P.33）…… 1 大匙
│　鹽、胡椒 …… 少許

製作方法

**1.** 先把山藥切成薄片，鴨兒芹切成每段 2cm 長。

**2.** 把 A 放進耐熱碗中，輕輕蓋上保鮮膜後，放進微波爐（600W）加熱 30 秒。

**3.** 把 1 加到 2 裡後再放入 B，經充分混合後就完成了。

| 1 人份 | |
|---|---|
| 熱量 | 106 kcal |
| 鹽分 | 1.1 g |
| 蛋白質 | 4.5 g |
| 鈣質 | 440 mg |
| 維生素 D | 0 μg |
| 膳食纖維 | 1.0 g |

# 山藥當座煮 <sup>22</sup>

# ｛山藥＋大蒜洋蔥醬｝

材料（1 人份）

**山藥** …… 5cm（100g）

A　料理酒 …… 1 大匙
　│　**大蒜洋蔥醬**（作法請參考 P.31）、薄口醬油 …… 各 1 小匙

烤海苔（8 片裝）…… 1 片

製作方法

**1.** 將帶皮的山藥任意切成合適的大小。

**2.** 把 A 和 1 放進耐熱碗中後使兩者充分混合。輕輕蓋上保鮮膜後，用微波爐（600W）加熱 2 分鐘。取出後拌勻。

**3.** 把 2 盛裝到其他容器後，撒上撕碎的烤海苔，就完成了。

| 1 人份 | |
|---|---|
| 熱量 | 92 kcal |
| 鹽分 | 1.0 g |
| 蛋白質 | 2.6 g |
| 鈣質 | 18 mg |
| 維生素 D | 0 μg |
| 膳食纖維 | 1.0 g |

22 譯註：當座煮是使用醬油、砂糖和味醂調出來的醬汁所燉煮出來的日式燉菜。

## 洋蔥湯

# ｛洋蔥＋大蒜洋蔥醬｝

### 材料（1人份）

**洋蔥** …… 小 1 個（100g）

A　**大蒜洋蔥醬**（作法請參考 P.31）、
｜　醬油 …… 各 1 ／ 2 小匙
　　水 …… 120ml

圓麩（圓形的日式麵筋）…… 3 個
粗粒黑胡椒 …… 適量

| 1 人份 | |
|---|---|
| 熱量 | 44 kcal |
| 鹽分 | 0.4 g |
| 蛋白質 | 1.2 g |
| 鈣質 | 22 mg |
| 維生素 D | 0 µg |
| 膳食纖維 | 1.6 g |

### 製作方法

**1.** 把洋蔥切成 4 等分後放進耐熱保鮮袋裡。保鮮袋不要封口，放進耐熱碗中。不要蓋保鮮膜，直接用微波爐（600W）加熱 2 分鐘。

**2.** 圓麩泡水恢復原狀後，去除多餘的水分。

**3.** 把洋蔥放到耐熱碗中（不用去除水分），然後加入 A 和 2。輕輕蓋上保鮮膜後，用微波爐（600W）加熱 2 分鐘。取出後裝到其他容器，撒上粗粒黑胡椒，就完成了。

# 洋蔥開胃菜

# {洋蔥＋大蒜洋蔥醬}

材料（1 人份）

**洋蔥** …… 小 1 顆（100g）
長蔥 …… 5cm

A　**大蒜洋蔥醬**（作法請參考 P.31） …… 1 小匙
　│　醬油、沙拉油 …… 各 1 ／ 2 小匙
　│　顆粒和風調味素 …… 1 ／ 4 小匙
　│　水 …… 50ml

七味唐辛子（七味辣粉） …… 適量

| 1 人份 | |
|---|---|
| 熱量 | 69 kcal |
| 鹽分 | 1.3 g |
| 蛋白質 | 1.5 g |
| 鈣質 | 23 mg |
| 維生素 D | 0 μg |
| 膳食纖維 | 1.6 g |

製作方法

**1.** 洋蔥一整顆不要切，直接按照「洋蔥湯」（見 P.178、P.179）的製作方式 1 來加熱洋蔥。把長蔥切絲。

**2.** 把 A 放進容器裡後攪拌，接著把 1 的洋蔥直接（不用去除水分）放進容器裡，拌上長蔥，撒上七味辣粉，就完成了。

**洋蔥的營養成分**

洋蔥裡含有許多對人體有益的成分。例如「槲皮素」具有溶解血栓（血液的結塊）的作用，能夠減輕血栓對血管所造成的壓力。而「異蒜胺酸」等硫化物，因為能降低血液黏稠度，所以能保持血管的彈性，使血流順暢。「二烯丙基二硫」能促進維生素 B1 的吸收，幫助人們消除疲勞。

# 燒烤風茄子

# { 茄子＋醋泡洋蔥 }

**材料（1 人份）**

<u>茄子</u> …… 2 根（100g）

A　柴魚片 …… 1 小包（2.5 ～ 3g）
│　**醋泡洋蔥**（作法請參考 P.33）…… 1 大匙

醬油 …… 少許

**製作方法**

**1.** 用削皮器去掉茄子的皮並切下蒂頭，接著用保鮮膜把茄子包好。

**2.** 把 1 放進耐熱碗中，用微波爐（600W）加熱 2 分鐘。取出後把裹著保鮮膜的茄子浸到冷水中降溫。接著用筷子把茄子依 5 ～ 6cm 長截斷。完成後裝盤，接著把 A 放在茄子上並淋點醬油，就完成了。

| 1 人份 | |
|---|---|
| 熱量 | 43 kcal |
| 鹽分 | 0.5 g |
| 蛋白質 | 3.6 g |
| 鈣質 | 20 mg |
| 維生素 D | 0 µg |
| 膳食纖維 | 2.3 g |

肉燥煮茄子

# {茄子＋大蒜洋蔥醬}

材料（1 人份）

<u>茄子</u> …… 2 根（100g）
豬絞肉 …… 50g

A **大蒜洋蔥醬**（作法請參考 P.31）…… 1 大匙
   砂糖、味噌 …… 各 2 小匙
   馬鈴薯粉、芝麻油 …… 各 1 小匙
   熱水 …… 50ml

珠蔥（切成蔥花）…… 適量

製作方法

**1.** 把茄子切成厚 1cm 的半月形片狀。

**2.** 把 A 放進耐熱碗中後，攪拌至呈現出黏稠感。接著加入豬絞肉，並繼續攪拌。最後放入茄子。

**3.** 輕輕蓋上保鮮膜，用微波爐（600W）加熱 3 分鐘。取出後再攪拌一次，接著再次蓋上保鮮膜，用微波爐（600W）加熱 2 分鐘。

**4.** 把 3 盛裝盤後撒上蔥花，就完成了。

| 1 人份 | |
|---|---|
| 熱量 | 251 kcal |
| 鹽分 | 0.8 g |
| 蛋白質 | 10.8 g |
| 鈣質 | 27 mg |
| 維生素 D | 0 μg |
| 膳食纖維 | 2.5 g |

# 青椒炒吻仔魚

# {青椒＋醋泡洋蔥}

材料（1 人份）

**青椒** …… 3 顆（100g）

A　**醋泡洋蔥**（作法請參考 P.33）、吻仔魚 …… 各 1 大匙
│　醬油、芝麻油 …… 各 1 ／ 2 小匙

製作方法

**1.** 把青椒切絲。

**2.** 把 A 放進耐熱碗中，然後再放進 1。

**3.** 輕輕蓋上保鮮膜，用微波爐（600W）加熱 1 分鐘。取出拌勻後裝盤，就完成了。

| 1 人份 | |
| --- | --- |
| 熱量 | 56 kcal |
| 鹽分 | 0.7 g |
| 蛋白質 | 2.3 g |
| 鈣質 | 28 mg |
| 維生素 D | 2.0 μg |
| 膳食纖維 | 2.4 g |

**茄子、青椒、秋葵
的營養成分**

茄子的紫色外皮含有「花色素苷」，這種成分能抑制活性氧，以避免人體細胞老化。而青椒和秋葵則是「鎂」的寶庫，鎂除了能調整人體內的膽固醇，還可預防糖尿病。

# 秋葵拌白蘿蔔泥

# ｛秋葵＋醋泡高麗菜絲｝

材料（1人份）

**秋葵** …… 大 2 根（40g）
青紫蘇（切碎）…… 2 片

A　白蘿蔔泥 …… 30g
　│ **醋泡高麗菜絲**（作法請參考 P.32）…… 1 大匙

醬油 …… 1 ／ 2 小匙

製作方法

**1.** 把秋葵放入耐熱保鮮袋，不封口直接放進耐熱碗中。不要蓋保鮮膜，用微波爐（600W）加熱 1 分鐘，取出後把多餘的水分去掉。切掉蒂頭後，把秋葵切成 2cm 厚的片狀。

**2.** 把青紫蘇、1 和 A 放進耐熱碗中後拌勻。盛裝到其他容器後淋上醬油，就完成了。

| 1 人份 | |
| --- | --- |
| 熱量 | 32 kcal |
| 鹽分 | 0.8 g |
| 蛋白質 | 2.1 g |
| 鈣質 | 125 mg |
| 維生素 D | 0 µg |
| 膳食纖維 | 3.5 g |

# 燙拌海帶芽

# ｛海帶芽＋醋泡高麗菜絲｝

材料（1 人份）

**裁切過的乾燥海帶芽** …… 1 小匙
**醋泡高麗菜絲**（作法請參考 P.32）…… 1 大匙
七味辣椒粉 …… 適量

製作方法

**1.** 把海帶芽放進耐熱碗中後加入 2 大匙水（材料外）。輕輕蓋上保鮮膜後，用微波爐（600W）加熱 30 秒。取出後去除多餘水分，然後把海帶放到瀝水盤（籃）中瀝乾。

**2.** 把 1 和醋泡高麗菜絲放入耐熱碗中後拌勻。裝盤後撒上七味辣椒粉，就完成了。

| 1 人份 | |
| --- | --- |
| 熱量 | 11 kcal |
| 鹽分 | 0.6 g |
| 蛋白質 | 0.4 g |
| 鈣質 | 16 mg |
| 維生素 D | 0 μg |
| 膳食纖維 | 0.8 g |

**海藻的營養成分**

海藻中除了有豐富的礦物質，還包含許多人體所需的微量營養成分。海藻中的「鐵」能預防貧血，「鈣質」可以打造強固的骨頭和牙齒。吃海藻還能攝取到現代人容易缺乏的鎂和鋅。海藻的每日建議攝取量為乾海苔一片（3.4g），若是生的羊棲菜、海帶芽或海帶根的話，則建議食用 34g（3.4g 的 10 倍）。

# 羊棲菜當座煮

# ｛羊棲菜＋大蒜洋蔥醬｝

材料（1 人份）

**羊棲菜**（乾燥）…… 2 大匙
雞胸肉（去皮）…… 1 ／ 4 片（50g）
紅蘿蔔、紅甜椒、青椒…… 合起來共 50g

A　**大蒜洋蔥醬**（作法請參考 P.31）…… 1 大匙
　│　砂糖、醬油、料理酒、水 …… 各 1 小匙
　│　芝麻油 …… 1 ／ 2 小匙

製作方法

**1.** 把羊棲菜和 100ml 的水（材料外）放進耐熱碗中，輕輕蓋上保鮮膜，用微波爐（600W）加熱 1 分鐘。取出後將羊棲菜放到瀝水盤（籃）上，接著用水沖洗一遍，然後擦乾。

**2.** 把雞肉切丁（1.5cm），紅蘿蔔、紅甜椒、青椒切成寬 1cm× 長 6cm 的條狀。

**3.** 把 A 放進耐熱碗中後攪拌，接著把雞肉放進耐熱碗中，使其與醬汁充分融合。然後加入 1 和紅蘿蔔、紅甜椒、青椒。輕輕蓋上保鮮膜，用微波爐（600W）加熱 5 分鐘。取出後拌勻，就完成了。

| 1 人份 | |
| --- | --- |
| 熱量 | 144 kcal |
| 鹽分 | 1.3 g |
| 蛋白質 | 13.6 g |
| 鈣質 | 69 mg |
| 維生素 D | 0 µg |
| 膳食纖維 | 4 g |

# 羊棲菜沙拉

# ｛羊棲菜＋醋泡洋蔥｝

材料（1人份）

**羊棲菜**（乾燥）…… 2 大匙
長蔥（切絲）…… 5cm 長

A **醋泡洋蔥**（作法請參考 P.33）…… 1 大匙
　│ 醬油、水 …… 各 1 小匙
　│ 芝麻油 …… 1 ／ 2 小匙
　│ 鹽、胡椒 …… 皆少許

製作方法

**1.** 羊棲菜的處理方式和「羊棲菜當座煮」的製作方法 1 相同。

**2.** 長蔥用水洗過後擦乾。

**3.** 把 A 放進碗中後攪拌，然後把 1、2 也放進碗中拌匀，這樣就完成了。

| 1 人份 | |
| --- | --- |
| 熱量 | 50 kcal |
| 鹽分 | 1.3 g |
| 蛋白質 | 1.2 g |
| 鈣質 | 60 mg |
| 維生素 D | 0 µg |
| 膳食纖維 | 2.8 g |

# PART 3

懶得做菜時的
SOS 庫存 ——
自製冷凍蔬菜包

# 黃綠色蔬菜＋
# 淡色蔬菜（或根莖類） 50g

分別切好黃綠色蔬菜和淡色蔬菜 [23] 各 50g 後，冷凍保存。日後在
要吃的時候，把冷凍蔬菜拿出來，搭配魚、肉一起料理，就能做
出兼顧營養均衡的菜餚囉。不想碰菜刀和砧板，或連外出採買的
時間都沒有的日子，這些庫存的冷凍蔬菜可是大有妙用喔。

---

23 譯註：「黃綠色蔬菜」指的是菠菜、小松菜、番茄、青椒、紅蘿蔔、綠花椰菜等，顏
色較深的蔬菜。「淡色蔬菜」指的是白菜、白蘿蔔、洋蔥、高麗菜和萵苣等顏色較淡的
蔬菜。兩類蔬菜都含有豐富的維生素、礦物質和膳食纖維。

## 增肌調味料

**油薑**　或　**醬油薑**　或　**甜醋薑**

薑可以
✔ 促進血液循環。　✔ 有益腸道健康。
✔ 提升免疫力。　　✔ 降低血液的黏稠度。

3 種增肌調味料的保存期間：冷藏可放 1 年

## 油薑

材料（完成後重 150g）

薑 …… 100g
橄欖油 * …… 70ml
* 也可以使用荏胡麻油或亞麻仁油。

製作方法

**1.** 薑不去皮，直接切碎後裝進乾淨的瓶子裡。不要蓋保鮮膜，直接用微波爐（600W）加熱 1 分鐘。

**2.** 取出後，把橄欖油倒入瓶中，蓋上瓶蓋後就完成了。製作好的油薑可立即使用。

| 1 人份 | |
| --- | --- |
| 熱量 | 61 kcal |
| 鹽分 | 0 g |
| 蛋白質 | 0.1 g |
| 鈣質 | 1 mg |
| 維生素 D | 0 µg |

## 醬油薑

材料（完成後重 150g）

薑 …… 100g
醬油 …… 50ml

製作方法

醬油薑的製作方法與「油薑」相同（但請把製作方法 2 中的橄欖油，換成醬油）。製作好的醬油薑可立即使用。

| 1 人份 | |
| --- | --- |
| 熱量 | 9 kcal |
| 鹽分 | 1.0 g |
| 蛋白質 | 0.6 g |
| 鈣質 | 3 mg |
| 維生素 D | 0 µg |

## 甜醋薑

**材料**（完成後重 170g）

**薑** …… 100g

A　醋 * …… 50ml
　│　水 …… 20ml
　│　砂糖 …… 1 大匙
　│　鹽 …… 1 ／ 2 小匙

* 醋可依個人喜好，使用米醋、蘋果醋、釀造醋或黑醋等。

**製作方法**

甜醋薑的製作方法與「油薑」相同（但請把製作方法 2 中的橄欖油換成 A，並用微波爐加熱 2 分鐘）。製作好的甜醋薑可立即使用。

| 1 人份 | |
| --- | --- |
| 熱量 | 9 kcal |
| 鹽分 | 0.3 g |
| 蛋白質 | 0.1 g |
| 鈣質 | 1 mg |
| 維生素 D | 0 µg |

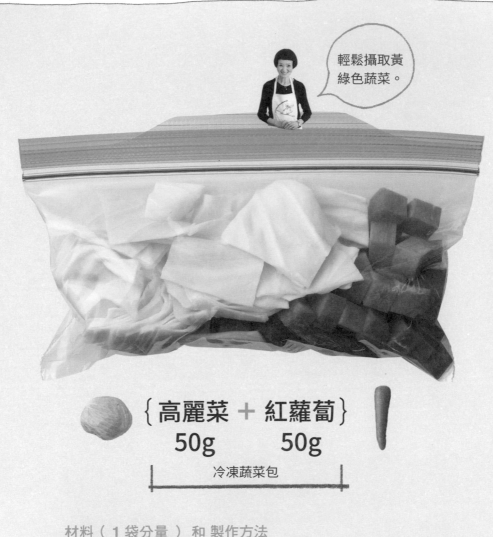

輕鬆攝取黃綠色蔬菜。

{ 高麗菜 ＋ 紅蘿蔔 }
   50g       50g

冷凍蔬菜包

材料（1 袋分量 ） 和 製作方法

將**高麗菜**切成每邊長 3cm 的方形，**紅蘿蔔切丁**（1cm）。
接著把蔬菜放入冷凍用保鮮袋，擠掉空氣後封口，放進冷凍庫保存。

＋ { **薄切豬肉片** 50g }

# 豬肉湯＋醬油薑

| 1 人份 | |
|---|---|
| 熱量 | 115 kcal |
| 鹽分 | 1.2 g |
| 蛋白質 | 13.1 g |
| 鈣質 | 42 mg |
| 維生素 D | 0 µg |
| 膳食纖維 | 2.5 g |

材料（1 人份）與製作方法：

**1.** 把切成 3cm 長的薄豬肉片 50g 和 1 大匙醬油薑（製作方法請參考 P.200）放進耐熱量杯後攪拌，使醬汁和豬肉充分結合。接著加入 120ml 的水和 1 包冷凍蔬菜（高麗菜＋紅蘿蔔）。

**2.** 不要蓋保鮮膜，直接用微波爐（600W）加熱 7 分鐘。取出後攪拌一下，就完成了。

# 豬肉燉紅蘿蔔＋油薑

| 1 人份 | |
| --- | --- |
| 熱量 | 222 kcal |
| 鹽分 | 1.9 g |
| 蛋白質 | 13.5 g |
| 鈣質 | 43 mg |
| 維生素 D | 0 μg |
| 膳食纖維 | 2.5 g |

材料（1 人份）與製作方法：

**1.** 把切成 3cm 長的薄豬肉片 50g、1 大匙油薑（製作方法請參考 P.200）以及 2 小匙醬油和味醂放進耐熱量杯後攪拌，使醬汁和豬肉充分結合。接著加入 1 包冷凍蔬菜（高麗菜＋紅蘿蔔）。

**2.** 輕輕蓋上保鮮膜，用微波爐（600W）加熱 4 分鐘。取出後攪拌一下，就完成了。

# 豬肉丼＋甜醋薑

 ＋

**材料（1 人份）與製作方法：**

**1.** 把切成 3cm 長的薄豬肉片 50g、1 大匙甜醋薑
（製作方法請參考 P.201）以及 2 小匙醬油和味
醂放進耐熱量杯後攪拌，使醬汁和豬肉充分混合。
接著加入 1 包冷凍蔬菜（高麗菜＋紅蘿蔔）。

**2.** 輕輕蓋上保鮮膜，用微波爐（600W）加熱 4
分鐘。取出後攪拌一下。把熱騰騰的米飯（玄米
飯或個人喜好飯種類）150g 裝入碗中，再把成品
蓋在飯上，就完成了。

| 1 人份 | |
| --- | --- |
| 熱量 | 378 kcal |
| 鹽分 | 1.3 g |
| 蛋白質 | 17.3 g |
| 鈣質 | 53 mg |
| 維生素 D | 0 μg |
| 膳食纖維 | 4.6 g |

令人胃口大開的黃金組合。

{ **紅甜椒** + **洋蔥** }
　50g　　　　50g

冷凍蔬菜包

材料（1袋分量）和 製作方法

把**紅甜椒**和**洋蔥**都切成 1cm 寬的條狀後，放入冷凍保存袋。
擠掉袋中的空氣後將袋口密封，然後放進冷凍庫保存。

+ { **烤肉用牛肉片 50g** }

# 蔬菜燉牛肉＋油薑

材料（1 人份）與製作方法：

**1.** 把每邊切成長 3cm 的方形烤肉用牛肉片 50g 和 1 大匙油薑（製作方法請參考 P.200） 放進耐熱量杯後攪拌，使醬汁和牛肉充分混合，接著加入 120ml 的水和 1 包冷凍蔬菜（紅甜椒＋洋蔥）。

**2.** 不用蓋保鮮膜，直接用微波爐（600W）加熱 7 分鐘。取出後拌勻接著裝盤。最後撒上粗粒黑胡椒，就完成了。

| 1 人份 | |
| --- | --- |
| 熱量 | 203 kcal |
| 鹽分 | 1.3 g |
| 蛋白質 | 11.9 g |
| 鈣質 | 22 mg |
| 維生素 D | 0 µg |
| 膳食纖維 | 2.9 g |

# 金平 [24] 風牛肉蔬菜＋甜醋薑

 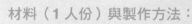

材料（1 人份）與製作方法：

**1.** 把每邊切成長 3cm 的方形烤肉用牛肉片 50g
和 1 大匙甜醋薑、1 小匙芝麻油、1／2 小匙醬
油放進耐熱量杯後攪拌，使醬汁和牛肉充分混
合，接著加入 1 包冷凍蔬菜（紅甜椒＋洋蔥）。

**2.** 輕輕蓋上保鮮膜後，用微波爐（600W）加熱
4 分鐘。取出後拌勻，就完成了。

| 1 人份 | |
|---|---|
| 熱量 | 160 kcal |
| 鹽分 | 0.7 g |
| 蛋白質 | 11.3 g |
| 鈣質 | 21 mg |
| 維生素 D | 0 μg |
| 膳食纖維 | 2.2 g |

---

24 譯註：日語中的「金平」，指的是把切細的食材（一般多使用牛蒡、蓮藕和紅蘿蔔），
用醬油、砂糖以及味醂等調味料一起炒熟而成的料理。

# 日式牛肉燴飯＋醬油薑

材料（1 人份）與製作方法：

**1.** 把 120ml 的水、日式牛肉燴飯調料（塊）和醬油薑各 1 大匙放進耐熱量杯後攪拌，接著加入每邊切成長 3cm 的方形烤肉用牛肉片 50g 和 1 包冷凍蔬菜（紅甜椒＋洋蔥）。

**2.** 不用蓋保鮮膜，直接用微波爐（600W）加熱 7 分鐘，取出後拌勻。

**3.** 把熱騰騰的米飯（玄米飯或個人喜好種類）150g 裝入盤中，再把 2 蓋在飯放上，就完成了。

| 1 人份 | |
| --- | --- |
| 熱量 | 400 kcal |
| 鹽分 | 2.0 g |
| 蛋白質 | 16.4 g |
| 鈣質 | 33 mg |
| 維生素 D | 0 μg |
| 膳食纖維 | 4.3 g |

強大的根莖類來助陣。

{ 紅蘿蔔 + 馬鈴薯 }
　50g　　　　50g

冷凍蔬菜包

**材料（1袋分量）和 製作方法**

把**紅蘿蔔**切成 3mm 厚的圓片、**馬鈴薯**切成適當大小後，放入冷凍保鮮袋。擠掉袋中的空氣後將袋口密封，然後放進冷凍庫保存。

+ { 小塊雞肉 50g }

# 雞肉馬鈴薯五目湯 [24] ＋醬油薑

材料（1 人份）與製作方法：

**1.** 把小塊雞肉 50g 和 1 大匙醬油薑放進耐熱量杯後攪拌，使醬汁和雞肉充分結合。接著加入 120ml 的水和 1 袋冷凍蔬菜包（紅蘿蔔＋馬鈴薯）。

**2.** 不要蓋保鮮膜，用微波爐（600W）直接加熱 7 分鐘。取出後攪拌一下，就完成了。

---

24 譯註：日本的「五目湯」指的加入蔬菜或肉類等多種食材的味噌湯。

| 1 人份 | |
|---|---|
| 熱量 | 127 kcal |
| 鹽分 | 1.1 g |
| 蛋白質 | 14.0 g |
| 鈣質 | 22 mg |
| 維生素 D | 0 μg |
| 膳食纖維 | 2.3 g |

# 雞肉筑前煮 [25] ＋油薑

材料（1人份）與製作方法：

**1.** 把 50g 小塊雞肉、1 大匙油薑（製作方法請
參考 P.200）和 1 小匙醬油與味醂放進耐熱量
杯後攪拌，使醬汁和雞肉充分混合。接著加入
1 袋冷凍蔬菜包（紅蘿蔔＋馬鈴薯）。

**2.** 輕輕蓋上保鮮膜後，用微波爐（600W）加
熱 4 分鐘。取出後攪拌一下，就完成了。

| 1 人份 | |
|---|---|
| 熱量 | 200 kcal |
| 鹽分 | 1.1 g |
| 蛋白質 | 14.0 g |
| 鈣質 | 22 mg |
| 維生素 D | 0 µg |
| 膳食纖維 | 2.3 g |

25 譯註：「筑前煮」源自日本筑前地區（位於今福岡縣西部）的地方料理。作法是先用油
炒過雞肉、紅蘿蔔、牛蒡、蓮藕和香菇等食材，然後用以砂糖和醬油調成的醬汁熬煮而成。

# 雞肉咖哩＋甜醋薑

材料（1 人份）與製作方法：

**1.** 把 120ml 的水、咖哩塊和甜醋薑各 1 大匙放進耐熱量杯後攪拌。接著再放進 50g 小塊雞肉和 1 包冷凍蔬菜（紅蘿蔔＋馬鈴薯）。

**2.** 不用蓋保鮮膜，直接用微波爐（600W）加熱 7 分鐘。取出後攪拌。

**3.** 把熱騰騰的米飯（玄米飯或個人喜好種類）150g 裝入碗中，再把 2 蓋在飯上，就完成了。

| 1 人份 | |
| --- | --- |
| 熱量 | 429 kcal |
| 鹽分 | 2.4 g |
| 蛋白質 | 18.9 g |
| 鈣質 | 42 mg |
| 維生素 D | 0 µg |
| 膳食纖維 | 4.8 g |

用途多多，超級方便！

{綠花椰菜 + 白蘿蔔}
50g        50g

冷凍蔬菜包

材料（1袋分量）和 製作方法

將**綠花椰菜**切成小朵，**白蘿蔔**切成厚 5mm 的 1／4 圓片後，放入冷凍保鮮袋。擠掉袋中的空氣後將袋口密封，然後放進冷凍庫保存。

+ {薄鹽鮭魚切片 50g}

# 鮭魚綠花椰味噌湯＋油薑

材料（1 人份）與製作方法：

**1.** 把 50g 薄鹽鮭魚切成一口大小後，連同 1 大匙油薑以及 2 小匙味噌放進耐熱量杯並攪拌，使醬汁和魚肉充分混合。
接著加入 120ml 的水以及 1 包冷凍蔬菜（綠花椰菜＋白蘿蔔）。

**2.** 不用蓋上保鮮膜，直接用微波爐（600W）加熱 7 分鐘。取出後攪拌一下，就完成了。

| 1 人份 | |
|---|---|
| 熱量 | 186 kcal |
| 鹽分 | 1.0 g |
| 蛋白質 | 15.4 g |
| 鈣質 | 163 mg |
| 維生素 D | 16 µg |
| 膳食纖維 | 4.7 g |

# 鮭魚三色沙拉＋甜醋薑

材料（1 人份）與製作方法：

**1.** 把 50g 薄鹽鮭魚切成一口大小後，連同 1 大匙甜醋薑一起放進耐熱量杯並攪拌，使醬汁和魚肉充分混合。接著再加入 1 包冷凍蔬菜（綠花椰菜＋白蘿蔔）。

**2.** 輕輕蓋上保鮮膜後，用微波爐（600W）加熱4 分鐘。取出後淋上 1 匙橄欖油並攪拌。最後撒上粗粒黑胡椒就完成了。

| 1 人份 | |
|---|---|
| 熱量 | 142 kcal |
| 鹽分 | 0.6 g |
| 蛋白質 | 14.6 g |
| 鈣質 | 157 mg |
| 維生素 D | 16 µg |
| 膳食纖維 | 4.4 g |

# 鮭魚雜煮＋醬油薑

**材料（1 人份）與製作方法：**

**1.** 把米飯（玄米飯或個人喜好種類）100g、1 大匙醬油薑和 100ml 的水放進耐熱量杯後攪拌。接著再放入 50g 薄鹽鮭魚和 1 包冷凍蔬菜（綠花椰菜＋白蘿蔔）。

**2.** 不用蓋上保鮮膜，直接用微波爐（600W）加熱 9 分鐘。取出後攪拌一下，就完成了。

| 1 人份 | |
| --- | --- |
| 熱量 | 271 kcal |
| 鹽分 | 1.3 g |
| 蛋白質 | 17.9 g |
| 鈣質 | 167 mg |
| 維生素 D | 16 µg |
| 膳食纖維 | 5.8 g |

217

爽口清脆
又美味。

 ｛青江菜 ＋ 豆芽菜｝
50g　　　　50g

冷凍蔬菜包

材料（1袋分量）和 製作方法

把**青江菜**的根部以十字方式切開，其餘部分切成 3cm 長。把切好的青江菜和**豆芽菜**放進冷凍保鮮袋。擠掉袋中的空氣後將袋口密封，然後放進冷凍庫保存。

＋ ｛日式炸豆皮 50g｝

# 炸豆皮蔬菜湯＋醬油薑

材料（1 人份）與製作方法：

**1.** 把 40g 日式炸豆皮切成一口大小後，連同 1 大匙醬油薑和 120ml 的水，一起放進耐熱量杯。接著加入 1 包冷凍蔬菜（青江菜＋豆芽菜）。

**2.** 不要蓋保鮮膜，直接用微波爐（600W）加熱 7 分鐘。取出後攪拌一下，就完成了。

| 1 人份 | |
|---|---|
| 熱量 | 186 kcal |
| 鹽分 | 1.1 g |
| 蛋白質 | 11.3 g |
| 鈣質 | 186 mg |
| 維生素 D | 0 μg |
| 膳食纖維 | 2.0 g |

# 炸豆皮燉蔬菜＋油薑

**材料（1 人份）與製作方法：**

**1.** 把 40g 日式炸豆皮切成一口大小，然後連同 100ml 高湯＊、1 大匙油薑和味醂、1／2 匙砂糖、少許鹽和 1 包冷凍蔬菜（青江菜＋豆芽菜），一起放進耐熱量杯中。

**2.** 輕輕蓋上保鮮膜後，用微波爐（600W）加熱 7 分鐘。取出後攪拌一下，就完成了。

＊或是用 100ml 水＋1／4 匙顆粒和風調味素來取代也可以。

| 1 人份 | |
|---|---|
| 熱量 | 322 kcal |
| 鹽分 | 0.4 g |
| 蛋白質 | 11.2 g |
| 鈣質 | 186 mg |
| 維生素 D | 0 µg |
| 膳食纖維 | 2.0 g |

# 狐丼＋甜醋薑

**材料（1 人份）與製作方法：**

**1.** 把 2 大匙高湯或料理酒、1 大匙甜醋薑以及 2 小匙砂糖和醬油放進耐熱量杯後攪拌。接著放入 40g 切成一口大小的日式炸豆皮和 1 包冷凍蔬菜（青江菜＋豆芽菜）。

**2.** 輕輕蓋上保鮮膜後，用微波爐（600W）加熱 4 分鐘。取出後拌勻。

**3.** 把熱騰騰的米飯（玄米飯或個人喜好種類）150g 裝入碗中，再把 2 蓋在飯上，最後依個人喜好撒上山椒粉，就完成了。

| 1 人份 | |
|---|---|
| 熱量 | 511 kcal |
| 鹽分 | 0.6 g |
| 蛋白質 | 21.3 g |
| 鈣質 | 221 mg |
| 維生素 D | 0 µg |
| 膳食纖維 | 4.1 g |

國家圖書館出版品預行編目（CIP）資料

增肌不增肥的微波料理：微波爐料理權威親自傳授，
無須大炒油煙、不用擔心火候控制，10 分鐘內就上
桌。/ 村上祥子著；林巍翰譯 . -- 初版 . -- 臺北市：
大是文化有限公司，2022.08
224 面；17x23 公分 . --（EASY；109）

譯自：80 歲、村上祥子さんの元気の秘訣は超かん
たんレンチンごはんだった！
ISBN 978-626-7123-55-3（平裝）

1.CST：食譜　2.CST：營養　3.CST：老人

427.1　　　　　　　　　　　　　　　111007612

DE0109

# 增肌不增肥的微波料理

微波爐料理權威親自傳授，無須大炒油煙、不用擔心火候控制，10 分鐘內就上桌。

作　　　者／村上祥子
譯　　　者／林巍翰
責任編輯／江育瑄
校對編輯／陳竑悳
美術編輯／林彥君
副 主 編／馬祥芬
副總編輯／顏惠君
總 編 輯／吳依瑋
發 行 人／徐仲秋
會計助理／李秀娟
會　　　計／許鳳雪
版權專員／劉宗德
版權經理／郝麗珍
行銷企劃／徐千晴
業務助理／李秀蕙
業務專員／馬絮盈、留婉茹
業務經理／林裕安
總 經 理／陳絜吾

出 版 者／大是文化有限公司
　　　　　臺北市 100 衡陽路 7 號 8 樓
　　　　　編輯部電話：（02）23757911
　　　　　購書相關諮詢請洽：（02）23757911 分機 122
　　　　　24 小時讀者服務傳真：（02）23756999
　　　　　讀者服務 E-mail：haom@ms28.hinet.net
郵政劃撥帳號：19983366　戶名：大是文化有限公司

法律顧問／永然聯合法律事務所
香港發行／豐達出版發行有限公司 Rich Publishing & Distribution Ltd
　　　　　地址：香港柴灣永泰道 70 號柴灣工業城第 2 期 1805 室
　　　　　　　　Unit 1805, Ph. 2, Chai Wan Ind City, 70 Wing Tai Rd, Chai Wan, Hong Kong
　　　　　電話：2172-6513　傳真：2172-4355
　　　　　E-mail：cary@subseasy.com.h

封面設計／尚宜設計有限公司　內頁排版／林雯瑛
印　　　刷／鴻霖印刷傳媒股份有限公司

出版日期／2022 年 8 月初版　　　　　　　　Printed in Taiwan
Ｉ Ｓ Ｂ Ｎ／978-626-7123-55-3（缺頁或裝訂錯誤的書，請寄回更換）　定價／新臺幣 400 元
電子書ＩＳＢＮ／9786267123799（PDF）　9786267123805（EPUB）